DEUTSCHE DEMOKRATISCHE REPUBLIK
DEUTSCHE AKADEMIE
DER LANDWIRTSCHAFTSWISSENSCHAFTEN ZU BERLIN

ARCHIV FÜR LANDTECHNIK

AKADEMIE-VERLAG · BERLIN

THEORIA CUM PRAXI

1968 · 7. BAND

Das „Archiv für Landtechnik" erscheint in Heften mit einem Umfang von je 5 Druckbogen (80 Seiten). Das letzte Heft eines Bandes enthält Inhalts- und Autorenverzeichnis.

Der Bezugspreis je Heft beträgt 10,— M. Sonderpreis für die DDR 5,— M.

Die Schriftleitung nimmt nur Manuskripte an, deren Umfang 25 Schreibmaschinenseiten nicht überschreiten und die bisher noch nicht, auch nicht in anderer Form, im In- oder Ausland veröffentlicht wurden. Jeder Arbeit ist eine Zusammenfassung mit den wichtigsten Ergebnissen (nicht länger als 20 Zeilen), wenn möglich auch in russischer und englischer bzw. französischer Sprache, beizufügen. Gegebenenfalls erfolgt die Übersetzung in der Akademie.

Manuskripte sind zu senden an die Schriftleitung: Dr. agr. JOACHIM GÜSSEFELDT, Institut für Landwirtschaftliche Information und Dokumentation, 108 Berlin, Krausenstraße 38/39.

Die Autoren erhalten Umbruchabzüge zur Korrektur mit befristeter Terminstellung. Bei Nichteinhaltung der Termine erteilt die Redaktion Imprimatur.

Verlag: Akademie-Verlag GmbH, 108 Berlin 8, Leipziger Straße 3—4, Fernruf: 220441. Telex-Nr. 112020, Postscheckkonto: Berlin 35021. Bestellnummer dieses Verzeichnisses: 1043/VII.

Veröffentlicht unter der Lizenznummer 1304 des Presseamtes beim Vorsitzenden des Ministerrates der Deutschen Demokratischen Republik.

Gesamtherstellung: VEB Druckerei „Thomas Müntzer" Bad Langensalza.

Inhalt des 7. Bandes

Autorenverzeichnis

DEUTSCHE DEMOKRATISCHE REPUBLIK
DEUTSCHE AKADEMIE
DER LANDWIRTSCHAFTSWISSENSCHAFTEN ZU BERLIN

ARCHIV FÜR LANDTECHNIK

AKADEMIE-VERLAG · BERLIN

THEORIA CUM PRAXI

BAND 7 · 1968 · HEFT 1

Arch. Landtechnik · Bd. 7 · 1968 · H. 1 · S. 1—120 · Berlin

DAMW

Das „Archiv für Landtechnik" erscheint in Heften mit einem Umfang von je 5 Druckbogen (80 Seiten). Das letzte Heft eines Bandes enthält Inhalts-, Autoren- und Sachverzeichnis.

Der Bezugspreis je Heft beträgt 10,— M. Sonderpreis für die DDR 5,— M.

Die Schriftleitung nimmt nur Manuskripte an, deren Umfang 25 Schreibmaschinenseiten nicht überschreiten und die bisher noch nicht, auch nicht in anderer Form, im In- oder Ausland veröffentlicht wurden. Jeder Arbeit ist eine Zusammenfassung mit den wichtigsten Ergebnissen (nicht länger als 20 Zeilen), wenn möglich auch in russischer und englischer bzw. französischer Sprache, beizufügen. Gegebenenfalls erfolgt die Übersetzung in der Akademie.

Manuskripte sind zu senden an die Schriftleitung: Dr. agr. JOACHIM GÜSSEFELDT, Institut für Landwirtschaftliche Information und Dokumentation, 108 Berlin, Krausenstr. 38/39.

Die Autoren erhalten Umbruchabzüge zur Korrektur mit befristeter Terminstellung. Bei Nichteinhaltung der Termine erteilt die Redaktion Imprimatur.

Verlag: Akademie-Verlag GmbH, 108 Berlin Leipziger Straße 3—4, Fernruf: 220441. Telex-Nr. 112020. Postscheckkonto: Berlin 35021. Bestellnummer dieses Heftes: 1043/VII/1.

Veröffentlicht unter der Lizenznummer 1304 des Presseamtes beim Vorsitzenden des Ministerrates der Deutschen Demokratischen Republik.

Gesamtherstellung: VEB Druckerei „Thomas Müntzer", 582 Bad Langensalza.

DEUTSCHE DEMOKRATISCHE REPUBLIK
DEUTSCHE AKADEMIE
DER LANDWIRTSCHAFTSWISSENSCHAFTEN ZU BERLIN

ARCHIV FÜR LANDTECHNIK

AKADEMIE-VERLAG · BERLIN

BAND 7 · 1968 · HEFT 1

Arch. Landtechnik · Bd. 7 · 1968 · H. 1 · S. 1–120 · Berlin

Inhalt

Am 24. Februar 1968 begeht Herr Professor Dr.-Ing. HEINRICH HEYDE seinen 65. Geburtstag. Anläßlich dieses Tages widmen die Nachwuchs-Wissenschaftler der verschiedenen Institutionen des landtechnischen Zentrums Potsdam-Bornim ihrem hochverehrten Lehrer und langjährigen Sekretar der Sektion Landtechnik der Deutschen Akademie der Landwirtschaftswissenschaften zu Berlin die Arbeiten dieses Heftes. Sie alle wuchsen nach der Gründung des Instituts für Landtechnik der DAL im Jahre 1951 in die Landtechnik hinein und möchten mit diesem Querschnitt durch ihre Arbeit Prof. HEYDE für seine Bemühungen um den landtechnischen Nachwuchs in Potsdam-Bornim danken.

Von den ersten Anfängen in Potsdam-Bornim, zu einer Zeit, als über die wissenschaftliche Kapazität der Landtechnik in der DDR das Wort von den „Sieben Landtechnikern" umging, war Prof. HEYDE stets mit Rat und Tat zur Stelle, wenn der Nachwuchs mit der sperrigen Materie „Landtechnik" kämpfte. Sein Rat korrigierte Fehler, half bei der weiteren Arbeit und gab Vertrauen. Den Mitarbeitern des landtechnischen Zentrums Bornim war „ihr" Sekretar — der Hochschullehrer Prof. HEYDE — verständnisvoller „Doktorvater", erzieherischer Lektor als Chefredakteur des „Archivs für Landtechnik" und ein Helfer in den Fragen der täglichen Arbeit.

Die in diesem Heft veröffentlichten Beiträge sind aus der Bornimer Arbeit herausgegriffen und zeigen die landtechnische Entwicklung, die sich von dem Beginn des landtechnischen Wirkens unseres Jubilars im Anfang der dreißiger Jahre unter Geheimrat FISCHER bis zum heutigen Tage vollzogen hat. Während damals ein „Landtechniker" auf der gesamten Breite des Maschineneinsatzes vom Schlepper bis zu den Hofmaschinen wirken mußte und konnte, erfordert heute der stark angewachsene Umfang der wissenschaftlichen Aufgaben auf dem Gebiete der Mechanisierung der Landwirtschaft die Arbeit von Spezialisten auf eng begrenzten Gebieten. Daß die junge Landtechniker-Generation der DDR mit diesen Aufgaben wuchs und dadurch notwendige Hilfe beim Aufbau unserer sozialistischen landwirtschaftlichen Großbetriebe leisten konnte, ist eines der Verdienste von Prof. HEYDE.

Im Kreise der großen Gratulantenschar seiner Schüler und Freunde möchten auch die Mitarbeiter der landtechnischen Einrichtungen in Potsdam-Bornim Herrn Prof. HEYDE zu seinem 65. Geburtstag die besten Wünsche für das persönliche Wohlergehen darbringen, verbunden mit der Bitte, ihnen noch recht lange das zu bleiben, was er ist: Vorbild als Lehrer und Mensch.

Arch. f. Landtechnik · Bd. 7 · 1968 · S. 5–14 Berlin

Aus dem Institut für Mechanisierung der Landwirtschaft
der Deutschen Akademie der Landwirtschaftswissenschaften zu Berlin

KLAUS BAGANZ

Spannungsrelaxation im Ackerboden

Eingegangen: 24. April 1967

1. Aufgabe

Bei der Bearbeitung zahlreicher landtechnischer Aufgaben zeigt es sich, daß der gegenwärtige Umfang der physikalisch-technischen Kennwerte zur Kennzeichnung der Eigenschaften des Ackerbodens nicht zur befriedigenden Lösung der dabei auftretenden Probleme ausreicht. Für eine Reihe Kennwerte, die vor allem für die Fahrmechanik von Bedeutung sind, wie Schubbeanspruchung und Deformation, führt man in neuerer Zeit systematische Messungen durch. In geringerem Umfange sind Meßwerte über Normalbeanspruchung des Ackerbodens zu finden — wenn man von den nur bedingt übertragbaren Angaben der Baugrunduntersuchungen absieht. Der in anderen technischen Bereichen sehr bedeutungsvolle Begriff der „Zähigkeit" ist auf den Boden übertragen fast nur in der keramischen Industrie zu finden und beschränkt sich hier auch weitgehend auf Betriebskontrollen. Es ist aber zu erwarten, daß die genauere Kenntnis dieser Kenngröße bei einer Reihe landtechnischer Fragestellungen, wie Bodendruckfragen, Schneidvorgängen und bei Modellbetrachtungen, die Aussagemöglichkeiten und die Aussichten für die Reproduzierbarkeit der Meßergebnisse erweitert.

2. Allgemeine Meßverfahren

NEWTON definierte die Viskosität („dynamische Zähigkeit") η als den Quotienten aus Schubspannung τ und Scher-(Geschwindigkeits-)gefälle dv/dy

$$\frac{\tau}{dv/dy} = \eta\,. \tag{1}$$

Die Gleichung unterstellt einen dem Schergefälle proportionalen konstanten Fließwiderstand. Zu solchen Systemen, den Newtonschen Flüssigkeiten, gehören vor allem niedrigmolekulare Flüssigkeiten und einige verdünnte makromolekulare Lösungen und Suspensionen.

Bei den meisten Substanzen ist jedoch die Viskosität keine von dem Schergefälle dv/dy unabhängige Größe. Für diese Nicht-Newtonschen Systeme gilt der Ansatz

$$\frac{\tau}{dv/dy} = f\left(\left|\frac{dv}{dy}\right|\right). \tag{2}$$

Solche Systeme können nur durch die Bestimmung des Schubwiderstandes in einem größeren Schergefälle-Bereich gekennzeichnet werden. Zur Messung dieser Kennwerte entfallen wegen der notwendigen Regelbarkeit der Schergeschwindigkeit z. B. die Kugelfallviskosimeter.
Wegen der beliebig langen Einstellzeit eignen sich Rotationsviskosimeter für diese Aufgabe. Mit definierten Zylinder- oder Kegelkörpern sind sie aber bereits für Untersuchungen von Materialien in pastenförmigem Zustand kaum verwendbar. Dagegen liegen z. B. mit pastenförmigen Tonen bereits einige Untersuchungen an Kapillarviskosimetern (Rohrviskosimeter) vor, wobei man allerdings mögliche Meßungenauigkeiten durch die im Verhältnis zu auftretenden „Zeiteffekten" kurzen Anlaufstrecken in Kauf nehmen mußte. Über Messungen mit Tonpasten berichtete u. a. SCHULTZ-GRUNOW [5]. Er ermittelte z. B. für einen Wassergehalt von f_T[1] $= 19{,}7\%$ Wandschubspannungen im Bereich $5 \cdot 10^4$ dyn/cm^2 bei Fließgeschwindigkeiten um 10 cm/s und um $7{,}5 \cdot 10^4$ dyn/cm^2 bei 20 cm/s.
Die Bestimmung der Fließeigenschaften von Ackerboden im gesamten Feuchtigkeitsbereich mit dem Kapillarviskosimeter dürfte aber auch nur in begrenztem Maße möglich sein und scheidet für Messungen „in situ" aus.
Zur Beschreibung der mechanischen Eigenschaften visko-elastischer Materialien, wie Hochpolymere, haben in letzter Zeit Spannungsrelaxationsmessungen wichtige Aufschlüsse auch über den molekularen Aufbau gebracht.
Die Spannungsrelaxation ist über die Maxwellsche Relation

$$\eta = E_0 T \tag{3}$$

wobei E_0 Spannungsmodul zur Zeit $t = 0$,
T Zeitkonstante (Relaxationszeit),

mit der Viskosität verknüpft [8]. Maxwell unterstellt, daß die während einer Deformation laufend erzeugte elastische Spannung ebenso laufend nach einem Zeitgesetz abklingt. Für den relaxierenden Spannungsmodul E ergibt sich dann für die Zeit t die Beziehung

$$E(t) = E_0 \, e^{-t/T} \, . \tag{4}$$

Das lineare Deformationsverhalten eines Körpers kann nun allgemein mit der Superposition von elastischen und viskosen Eigenschaften dargestellt werden. Modellmäßig wird dieser Zusammenhang durch die Kombination von Federn (Elastizität) und Dämpfern (Viskosität) dargestellt, die hintereinander (Maxwell-Modell) oder parallel (Voigt-Kelvin-Modell) geschaltet werden. Praktische Untersuchungen zeigten, daß mit solchen einfachen Modellen jedoch nicht alle Grundformen des Deformationsverhaltens darstellbar sind [1]. Aus der zur besseren Annäherung notwendigen Kombination mehrerer Modelle folgt zwangsläufig dann das Vorhandensein mehrerer Relaxationszeiten. Neben Verfahren, bei denen aus den Versuchswerten Anteile systematisch vorgegebener Relaxationszeiten bestimmt werden, hat vor allem die Darstellung in Verteilfunktionen

[1] auf Trockenmasse bezogen

in der Form

$$E(t) = \frac{\sigma(t)}{\varepsilon_0} = \int_{-\infty}^{+\infty} H(\ln T) \cdot e^{-t/T} \, d(\ln T) \qquad (5)$$

wobei σ Normalspannung

$\varepsilon_0 = \Delta l/l$ Dehnung

H Verteilfunktion

bei der Auswertung von Versuchsergebnissen Anwendung gefunden [2, 4]. Mit relativ einfachen Näherungsverfahren lassen sich diese Verteilfunktionen aus den Spannungs-Zeit-Funktionen ableiten; sie stellen den Beitrag der Relaxations-Mechanismen mit Relaxationszeiten in den betreffenden Zeitabschnitten an der Gesamtverteilung der Relaxation dar.
Der im allgemeinen einfache apparative Aufbau und die Möglichkeit von Messungen „in situ", wobei Beanspruchungen in ähnlicher Form wirksam werden, wie sie z. B. unter landtechnischen Fahrwerken auftreten, sprechen für Spannungsrelaxationsmessungen als einen Weg zur Ermittlung der eingangs erwähnten rheologischen Kennwerte von Ackerböden.

3. Versuchsdurchführung

Für die Messung des Spannungsrelaxationsverhaltens von Ackerböden wurde eine Meßeinrichtung entwickelt, die es ermöglicht, bei einer konstant gehaltenen Verformung des Bodens durch einen zylindrischen Stempel die auf diesen wirkende Kraft zu messen (Abb. 1). Als Kraftmeßglied dient ein oberhalb des Stempels angeordneter Meßring mit aufgeklebten Dehnungsmeßstreifen, deren Widerstandsänderung ohne Verstärkung mit einem Spulenschwinger-Oszillograph und mit einem Kompensationsbandschreiber registriert wird. Als Stempel

Abb. 1: Druckstempel und Meßrahmen für Relaxationsmessungen auf dem Feld

werden je nach Bodenart und -zustand zylindrische Körper mit $D_s = 58$ mm, 110 mm oder 167 mm Durchmesser benutzt. Die Stempel werden im Regelfall mit einer mittleren Geschwindigkeit von 70 mm/s durch einen Kurventrieb $z_K = 50$ mm tief in den Boden gedrückt. Während bei Labormessungen die Meßeinrichtung in einem festen Rahmen angeordnet ist und der Boden in einen zylindrischen Behälter mit 350 mm Durchmesser und 350 mm Höhe eingefüllt wird, wurde bei Feldmessungen der Meßrahmen durch 3 in den Boden geschlagene Ankerpfähle von 1500 mm Länge gehalten.
Bei den Feldmessungen sind, um Parallelmessungen zu erhalten, drei der beschriebenen Meßrahmen mit etwa 2 Meter Abstand aufgestellt worden (Abb. 2).

Abb. 2: Vollständige Meßeinrichtung für Feld-Relaxationsmessungen

1 Meßrahmen für Relaxationsmessungen; 2 Schergerät; 3 Vertikal-Bodensonde; 4 Meßgerät für Redardationsmessungen; 5 Meßfahrzeug

(In diesem Gebiet wurden auch die weiteren Meßwerte zur Bodenkennzeichnung ermittelt.) Der Spannungsverlauf in der Zeitspanne $t = 0 \cdots 60$ s nach der Belastung ist mit dem Oszillographen, für die Zeitspanne $t > 60$ s mit dem Kompensationsbandschreiber registriert worden. Bei Feldmessungen betrug die Meßzeit in der Regel $1{,}5 \cdot 10^4$ s, bei Labormessungen bis zu $1{,}7 \cdot 10^5$ s. Die Messungen wurden auf einer Reihe typischer Bodenarten und -zustände durchgeführt. Die im folgenden angeführten Versuche sind durch einige die Bedingungen kennzeichnenden Werte beschrieben (Tab. 1).

4. Versuchsergebnisse und -auswertung

Aus der Reihe der Labor- und Feldmessungen sollen im folgenden einige Feldversuche näher diskutiert werden (Versuche A, B und C, Abb. 3, Tab. 1).

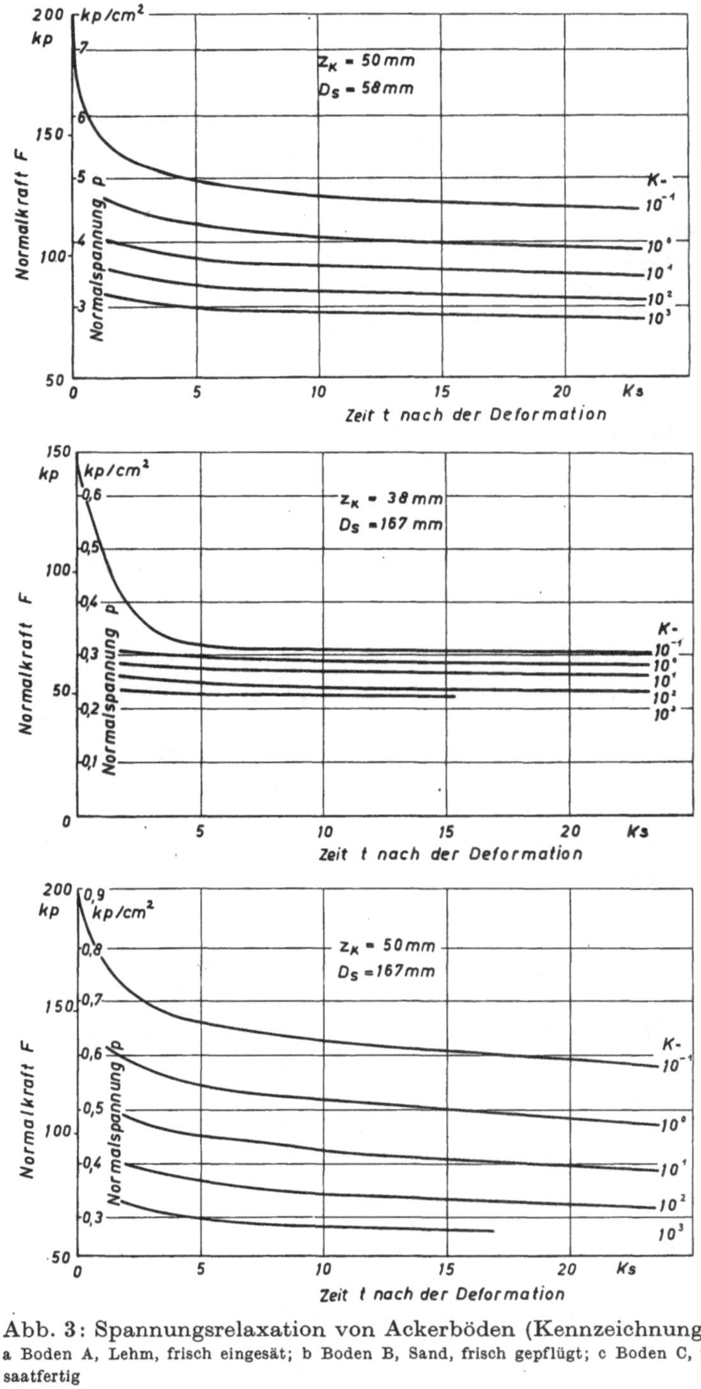

Abb. 3: Spannungsrelaxation von Ackerböden (Kennzeichnung Tab. 1)
a Boden A, Lehm, frisch eingesät; b Boden B, Sand, frisch gepflügt; c Boden C, mooriger Sand, saatfertig

Tabelle 1

Kennwerte einiger Versuchsböden

Bez.	Vers. Nr.	Bodenart und -zustand	Feuchtigkeit %	Dichte g/cm³	Kohäsion p/cm²	Reibungsbeiwert	Sondeneindringtiefe* cm
A	9/I	Lehm, Winterweizen, 1 Monat nach Aussaat	13,4	1,59	39	0,76	$0{,}41 \cdot F^{1{,}35}$
B	4/III	Sand, frisch gepflügt	8,4	1,38	14	0,61	$5{,}85 \cdot F^{1{,}11}$
C	3/II	mooriger Sand, Saatbett	19,8	1,09	8	0,46	$2{,}89 \cdot F^{1{,}29}$

* Kegelsonde mit 11 mm Durchmesser und 26° Spitzenwinkel; Sondenbelastung F (kp)

Ein Vergleich der Meßergebnisse (Abb. 3a···c) zeigt bereits zwischen den einzelnen Versuchen (Bodenarten und -zustände) erhebliche Unterschiede sowohl in der absoluten Höhe der auftretenden Spannungen als auch in dem Abfall der Spannung über die Zeit.

Eine genauere Auswertung der Meßwerte ergibt, daß zumindest zwei deutlich zu unterscheidende Abschnitte in der Spannungs-Zeit-Funktion auftreten. Der erste Abschnitt umfaßt die Zeitspanne von $t = 0 \cdots 0{,}4$ bis 1,0 s, der zweite Abschnitt die anschließende Zeitspanne bis etwa Versuchsende. Im ersten Abschnitt tritt ein steiler Spannungsabfall ein. Das Verhältnis der Spannung p_0 zur Zeit $t = 0$ s (Höchstbelastung) zur Spannung p_1 zur Zeit $t = 1$ s beträgt bei den untersuchten Lehm- und Moorböden etwa $p_0/p_1 = 1{,}45$. Auf Sandböden liegt dieses Verhältnis bei Feldversuchen im Mittel um $p_0/p_1 = 1{,}7$ und beträgt in Einzelfällen bis $p_0/p_1 = 2{,}7$ (Laboruntersuchungen u. a. mit trockenem Seesand zeigten, daß bei Sand ein plötzliches starkes Absinken der Spannung — innerhalb von 0,05 s — , vermutlich durch Gleiten der Körner aufeinander, auftreten kann.) Der Kurvenverlauf im ersten Abschnitt ist nicht sehr einheitlich; er dürfte durch den Belastungsvorgang (Relaxation während der Belastung, da Belastungszeit $t_B > 0$ s) beeinflußt sein und wurde daher zu weiteren Auswertungen nicht herangezogen. Im zweiten Abschnitt entspricht die Spannungs-Zeitbeziehung bei den untersuchten Böden weitgehend der Funktion

$$p(t) = p_1 \, t^b \tag{6}$$

wobei p_1 die Spannung zur Zeit $t = 1$ s ist und b ein den zeitabhängigen Spannungsabfall kennzeichnender Festwert (Abb. 4). Um die Ausdehnung des zweiten Abschnittes zahlenmäßig belegen zu können und gleichzeitig ein Maß für die Abweichung von der Regressionsgeraden im doppelt logarithmischen System zu erhalten, wurde ein Vergleichsausdruck B_R benutzt, der in seinem mathemati-

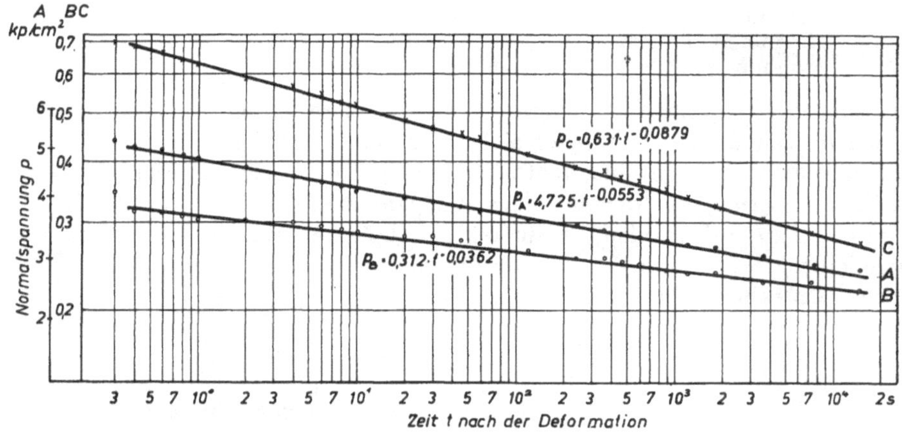

Abb. 4: Spannungs–Zeit-Funktion der Böden A, B und C in der Zeit $t = 4 \cdot 10^{-1} \cdots 1{,}5 \cdot 10^4$ s nach der Deformation

schen Aufbau dem Bestimmtheitsmaß B nach LINDER [3] entspricht. Der Vergleich von Regressionsgeraden über unterschiedliche Zeitspannen ergab, daß bei den durchgeführten Feld- und Laboruntersuchungen die Spannungs-Zeit-Funktion im Bereich von $t = 0{,}4 \cdots 1{,}5 \cdot 10^4$ s hinreichend durch die Gl. (6) dargestellt wird (Tab. 2).

Tabelle 2

Einfluß der Zeitspanne des zweiten Kurvenabschnittes auf die Werte der Regressionsgeraden im doppelt logarithmischen System (Boden A)

Zeitspanne s	Spannung p_1 kp/cm²	Steigungsmaß b	Vergleichsausdruck B_R
$1 \cdots 3{,}6 \cdot 10^3$	4,69	−0,0546	0,9948
$1 \cdots 1{,}44 \cdot 10^4$	4,68	−0,0537	0,9958
$0{,}4 \cdots 1{,}44 \cdot 10^4$	4,72	−0,0533	0,9950

Damit wird es möglich, die Spannungsrelaxation über einen Bereich von mehr als 4 Zehnerpotenzen durch zwei Kenngrößen, die Spannung p_1 zur Zeit $t = 1$ s und das Steigungsmaß b zu kennzeichnen.

Die Spannung p_1 schwankte bei den Feldmessungen stark und wurde in erster Linie von dem Bodenzustand beeinflußt. Während im Mittel der Versuche auf bestellten Flächen $p_1 = 1{,}9$ kp/cm² ermittelt wurde, ergaben sich Extremwerte auf trockenem lehmigen Sand mit $p_1 = 8{,}5$ kp/cm², auf frisch gepflügtem Sand mit $p_1 = 0{,}3$ kp/cm².

Das Steigungsmaß b wies dagegen auch eine Abhängigkeit von der Bodenart auf. Nach den bisherigen Versuchen ergibt sich folgende grobe Einstufung:

Moorboden	$b = -7 \cdot 10^{-2} \cdots -10 \cdot 10^{-2}$
Lehmboden	$b = -5 \cdot 10^{-2} \cdots -8 \cdot 10^{-2}$
Sandboden	$b = -3 \cdot 10^{-2} \cdots -6 \cdot 10^{-2}$

Innerhalb der einzelnen Bodengruppe lagen lockere (frisch bearbeitete) Böden an der oberen Grenze (höhere absolute Werte) der jeweiligen Gruppe.
Versucht man, trotz gewisser Bedenken auf Grund der Eigenschaften des untersuchten Materials, aus der gewonnenen Spannungs-Zeit-Funktion ein Relaxationsspektrum aufzustellen, so dürften hierzu 1. Näherungen vollkommen ausreichend sein. Für eine Verteilfunktion entsprechend Gl. (5) gibt WOLF [8] für statische Messungen die Näherungsgleichung

$$H(\ln T) = -E \frac{\mathrm{d}\log E}{\mathrm{d}\log t}, \qquad T \to t\,. \tag{7}$$

Um für die Versuchsergebnisse auch die in der Rheologie übliche Darstellung über den Spannungsmodul (Young-Modul)

$$E = \sigma \cdot \frac{l}{\Delta l} = \frac{\sigma}{\varepsilon_0} \tag{8}$$

anwenden zu können, wird unterstellt, daß bei Vernachlässigung von Seitenverdrängung ein Zylinder verdichtet wurde, dessen Durchmesser dem des Stempels und dessen Höhe der Krumentiefe bis zur Pflugsohle entspricht.
Mit einer Deformation $\Delta l = z_K = 50$ mm und den entsprechenden Werten der Krumentiefe ergaben sich bei den Versuchen Werte $\varepsilon_0 = \varepsilon_K = 0{,}16 \cdots 0{,}18$.
Damit wird nach Einführung von Gl. (6) und (8) in Gl. (7)

$$H(\ln T) = -\frac{p_1}{\varepsilon_0} b \cdot t^b \qquad T \to t \tag{9}$$

als Gleichung für die Verteilfunktion im Gültigkeitsbereich der Gl. (6).

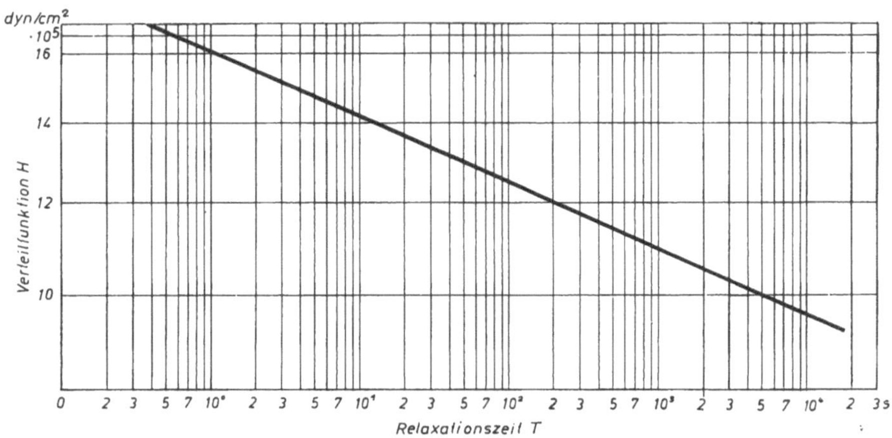

Abb. 5: Relaxationsspektrum für Boden A (Lehm, frisch eingesät)

Näherungslösung für das Teilgebiet $T = 4 \cdot 10^{-1} \cdots 1{,}5 \cdot 10^4$ s

Für die untersuchten Böden wäre es damit möglich — mit den gemachten Einschränkungen —, für fast 5 Zehnerpotenzen ein Relaxationsspektrum aufzustellen, da bei einem vorgegebenen Wert (ε_0) mit nur 2 Kennwerten (p_1, b) bestimmt ist (Abb. 5).

5. Folgerungen

Die bisherigen Untersuchungen weisen darauf hin, daß es möglich ist, das Relaxationsverhalten von Ackerböden in einem großen Zeitbereich mit relativ einfachen Mitteln zu beschreiben. Durch den Verzicht auf die Zeitspanne $t = 0$ bis 0,4 s werden Versuchsungenauigkeiten vermindert und die Anforderungen an den apparativen Aufwand gesenkt. Als Kenngrößen für die Spannungs-Zeit-Funktion empfehlen sich die Spannung p_1 zur Zeit $t = 1$ s und das Steigungsmaß b (Steigung im doppelt logarithmischen System). Besonders der letzte Wert läßt sich einzelnen Bodenarten und -zuständen gut zuordnen und erscheint daher zur quantitativen Kennzeichnung rheologischer Eigenschaften des Ackerbodens gut geeignet. Es bedarf noch weiterer Untersuchungen zur Ergänzung des vorliegenden Versuchsmaterials und vor allem zur Ermittlung der Korrelationsbeziehungen von Kennwerten der Spannungs-Zeit-Funktion mit anderen quantitativen Bodenkennwerten [6, 7].

6. Zusammenfassung

Aus Messungen der Relaxation (Spannung-Zeit-Funktion bei konstanter Deformation) in Ackerböden sind weitere Kennwerte zur quantitativen Kennzeichnung des landtechnischen Materials „Boden“ zu gewinnen. Feld- und Laboruntersuchungen in einer Reihe von Böden ergaben eine einfache Beziehung für die Spannungs-Zeit-Funktion im Bereich $t = 4 \cdot 10^{-1} \cdots 1{,}5 \cdot 10^{4}$ s.

Резюме

Из измерений релаксации (функция времени и напряжения при постоянной деформации) в пахотных почвах требуется вывести дальнейшие показатели для количественной характеристики агротехнического материала „почва“. В результате полевых и лабораторных опытов на ряде почв было получено простое отношение для функции напряжения и времени в пределах $t = 4 \cdot 10^{-1} \ldots 1{,}5 \cdot 10^{4}$ s.

Summary

Further characteristic values for the quantitative characterization of the agrotechnical material „soil“ may be obtained from measurements of the relaxation (stress-time function in case of constant deformation) in arable land. Field and laboratory tests applied to a number of soils have revealed a simple relation for the stress-time function in the range $t = 4 \cdot 10^{-1} \cdots 1.5 \cdot 10^{4}$ s.

Literatur

[1] HOFFMANN, W.: Ein neues Verfahren zur Bestimmung der Hysteresisschleife fadenförmigen textilen Materials und deren Auswertung. Rheologica Acta, Bd. 1, Nr. 4···6 (1961), S. 549···559
[2] KÄSTNER, S.: Zur phänomelogischen Theorie der Visko-Elastizität. Teil III und IV. Kolloid-Z. 156 (1958), S. 142···150; 157 (1958), S. 133···143
[3] LINDER, A.: Statistische Methoden für Naturwissenschafter, Mediziner und Ingenieure. Birkhäuser, Basel (1960), S. 171···185
[4] OBERST, H.; BOHN, L.: Über das mechanische Kurz- und Langzeitverhalten kristalliner Polyolefine-Relaxationsspektren von Niederdruckpolyäthylen und Polypropylen. Rheologica Acta, Bd. 1, Nr. 4···6, (1961), S. 608···617
[5] SCHULTZ-GRUNOW, F.: Viskosität und Zeitwirkungen im nichtlinearen Bereich. In: Grammel: Verformen und Fließen des Festkörpers. Springer, Berlin (1956), S. 279···297
[6] VIALOV, S. S.; SKIBITSKY, A. M.: Problems of the Rheology of Soils. Proc. of the 5. Intern. Conference on Soil Mechanics and Foundation (1961), S. 387···391
[7] WALDRON, L. J.: Viscoelastic Functions for Soil. Soil Science Society Proceedings (1964), S. 329···333
[8] WOLF, K. A.: Struktur und physikalisches Verhalten der Kunststoffe. Springer, Berlin (1962), S. 331···362

Arch. f. Landtechnik · Bd. 7 · 1968 · S. 15–27 · Berlin

Institut für Mechanisierung der Landwirtschaft Potsdam-Bornim
der Deutschen Akademie der Landwirtschaftswissenschaften zu Berlin

HARTMUT RETTIG, WOLFGANG HELBIG, MANFRED BEER

Verweilzeitmessung mit radioaktiven Nukliden an Verdampfern der Zuckerindustrie[1] [2]

Eingegangen: 24. April 1967

1. Aufgabenstellung

Die Kenntnis der Verweilzeitspektren von Gasen, Flüssigkeiten und Feststoffen, die in kontinuierlich arbeitenden Anlagen chemisch, physikalisch oder biologisch verändert werden, besitzt große Bedeutung für die Optimierung der ablaufenden Prozesse. Das trifft außer für Anlagen der chemischen Industrie auch für Prozesse in vielen technischen Einrichtungen zur Herstellung und Weiterverarbeitung landwirtschaftlicher Produkte zu, wie z. B. den Luftaustausch in Gewächshäusern und Heustapeln, die Verweilzeit von Kartoffeln in Dämpfanlagen und die Bestimmung der Arbeitsqualität kontinuierlicher Kraftfuttermischer.

In der Zuckerindustrie waren bisher keine systematischen Untersuchungen der Verweilzeit des Dünnsaftes in den verschiedenen Druckverdampfertypen bekannt. Nach CLASSEN [1] belaufen sich die Zuckerverluste im Dünnsaft bei Temperaturen von 130 °C bereits auf 2% je Stunde Aufenthaltszeit. Sie entstehen durch Abbau der Saccharose zu Zuckersäuren, die die Zerfallsreaktion autokatalytisch beschleunigen. Bei der heute üblichen Druckverdampfung beträgt der Zuckerverlust nach Schätzungen des Instituts für Zuckertechnologie der Humboldt-Universität Berlin 1%, was bei einer jährlichen Zuckerrübenverarbeitung von $5 \cdot 10^6$ t in der DDR einen Schaden von 3,5 Millionen MDN verursacht. Da die Temperatur bei der Druckverdampfung aus technologischen und wärmewirtschaftlichen Gründen festliegt, können diese Verluste nur durch Veränderung der Verweilzeitspektren des Dünnsaftes beeinflußt werden.

2. Formen der Verweilzeitspektren

Als differentielles Verweilzeitspektrum einer Substanz, die sich kontinuierlich durch ein Gefäß bewegt, bezeichnet man die zeitliche Verteilung der Teile der Substanz am Ausgang des Gefäßes, die *zum* Zeitpunkt $t = 0$ (während eines beliebig kurzen Zeitintervalls Δt) den Eingang passiert haben. Bei integralen

[1] Die Messungen wurden auf Anregung und in Zusammenarbeit mit dem Institut für Zuckertechnologie der Humboldt-Universität Berlin (Prof. BONACKER, Dipl.-Ing. KÖRDEL) durchgeführt.

[2] Teile dieser Arbeit wurden auf der Arbeitstagung „Angewandte Radioaktivität" 11. 10.–14. 10. 1966 in Leipzig unter dem Thema „Untersuchung der Verweilzeit in industriellen Erhitzern und Verdampfern" vorgetragen.

Verweilzeitspektren wird dagegen am Ausgang die Zeitverteilung aller der Teile der Substanz betrachtet, die *nach* $t = 0$ den Eingang passiert haben. Beide Spektren lassen sich ineinander überführen.
Die Form der Verweilzeitspektren hängt von der Art der verwendeten Substanz, der Führung der Substanz im Gefäß und den Parametern der speziellen Prozeßführung ab (Abb. 1).

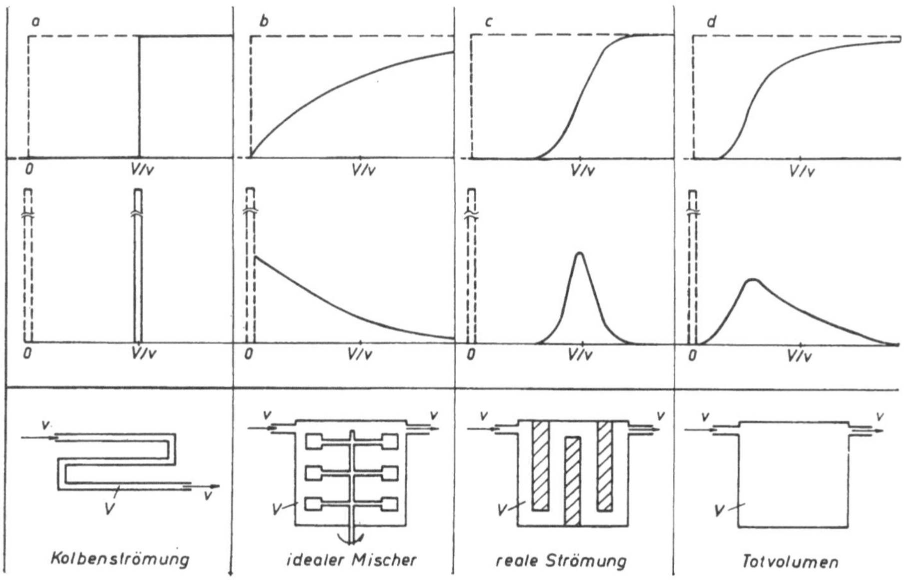

Abb. 1: Integrale und differentielle Verweilzeitspektren von markierten Substanzen in kontinuierlich durchströmten Gefäßen (schematische Darstellung)

Abszisse: Zeit (V Volumen des Gefäßes, v Durchsatz, $V/v = t_m$ mittlere Verweilzeit); Ordinate: Indikatorkonzentration; — — — Eingangskonzentration (obere Reihe: zur Zeit $t = 0$ sprungförmig beginnend und danach konstant bleibend; mittlere Reihe: stoßförmig bei $t = 0$); ——— Ausgangskonzentration (obere Reihe: integrale Verweilzeitspektren; mittlere Reihe: differentielle Verweilzeitspektren)

Man kann für Verweilzeitspektren zwei Grenzfälle konstruieren. Wenn sich die bewegende Substanz nicht longitudinal vermischt, ergibt sich das Bild der Kolbenströmung (Abb. 1a). Für Verweilzeitspektren von Zuckerdünnsaft in Druckverdampfern der Zuckerindustrie wird diese Kolbenströmung angestrebt. Es würden sich dann alle Saftpartien minimale Zeiten bei den hohen Temperaturen aufhalten und damit die Zuckerverluste auf ein Mindestmaß herabgesetzt werden. Wenn man verschiedene Verdampfertypen vergleicht, ist aus diesen Gründen der Typ vorzuziehen, der die kleinste mittlere Verweilzeit und das schmalste Verweilzeitspektrum besitzt.
Der zweite Grenzfall ist verwirklicht, wenn in Zeiten, die klein gegen die mittlere Verweilzeit $t_m = V/v$ (V = Volumen, v = Durchsatz) der Substanz im Volumen

eines Gefäßes sind, der Inhalt vollkommen durchmischt wird. Dann entsteht die ideale Mischer-Übergangsfunktion (Abb. 1b), eine Exponentialfunktion mit negativem Exponenten. Derartige Verweilzeitspektren werden für kontinuierliche Mischer gefordert.
Zwischen diese Grenzfälle lassen sich alle real vorkommenden Verweilzeitspektren (Abb. 1c, 1d) einordnen.
Die Berechnung von Verweilzeitspektren ist nur für die beiden genannten Idealfälle einfach, sie ist für alle real vorkommenden Fälle kompliziert und führt zu keinen Ergebnissen, da nicht alle Größen, die die Form der Spektren beeinflussen, bekannt sind und rechnerisch erfaßt werden können. Deshalb ist die experimentelle Bestimmung der Verweilzeitspektren erforderlich.

3. Durchführung der Messungen

Es ist nicht angebracht, chemische Indikatoren zu verwenden, da bei der geringeren Nachweisempfindlichkeit chemischer Analysen mit größeren Indikatormengen gerechnet werden muß, die nur mit großem Aufwand kurzzeitig in den Dünnsaft eingebracht werden können und außerdem das Strömungsverhalten beeinflussen.
Verwendet man radioaktive Nuklide als Indikatoren, wird die Möglichkeit geschaffen, Verweilzeitmessungen relativ einfach, billig und schnell durchzuführen. Für diese Untersuchungen war zu fordern, daß der Indikator das gleiche Strömungsverhalten aufweist wie der Dünnsaft; es genügte daher die nichtspezifische Markierung, d. h. eine besondere Markierung des Zuckers war nicht erforderlich.
Aus ökonomischen Gründen ist es auch nicht zweckmäßig, inaktiv zu markieren und später die im Reaktor aktivierten Proben zu messen, da die Aufbereitung der Proben zusätzlich Zeit und Arbeitskräfte bindet und die Schnelligkeit der Gewinnung aussagekräftiger Ergebnisse vollständig verlorengeht. Aber gerade darauf mußte bei anfänglichen Übersichtsmessungen besonderer Wert gelegt werden, da bei den untersuchten Verdampfertypen nur unklare Vorstellungen über die Größenordnung der Verweilzeitschwankung existierten. Als Indikator wurde ^{132}J in Jodidform verwendet, es eignet sich wegen seiner Halbwertszeit[3] $t_{1/2} = 2{,}3$ h vom Standpunkt des Strahlenschutzes am besten für die Untersuchungen. Auch rein arbeitstechnisch ist es geeignet, denn die unvermeidbaren Arbeitsplatzverseuchungen klingen schnell ab. Durch Vorversuche im Labormaßstab konnte gesichert werden, daß das ^{132}J in der heißen Zuckerlösung in der Jodidform vorliegt und nicht als J_2 mit dem abdestillierenden Wasser entweichen kann.
Eine Betrachtung des Weges des ^{132}J in der Zuckerfabrik bestätigt die Unbedenklichkeit des Einsatzes dieses Nuklids im normalen Prozeß der Zuckerherstellung

[3] Diese außerordentlich geringe Halbwertszeit bereitet auch bei großen Entfernungen vom Reaktor keine Schwierigkeiten. Von der Isocommerz GmbH Berlin-Buch wird ein Jod-Generator mit einer effektiven Halbwertszeit von 3,2 Tagen angeboten, in dem ^{132}J aus ^{132}Te laufend entsteht und aus dem es mit H_2O in kurzen Zeitabständen ausgewaschen werden kann.

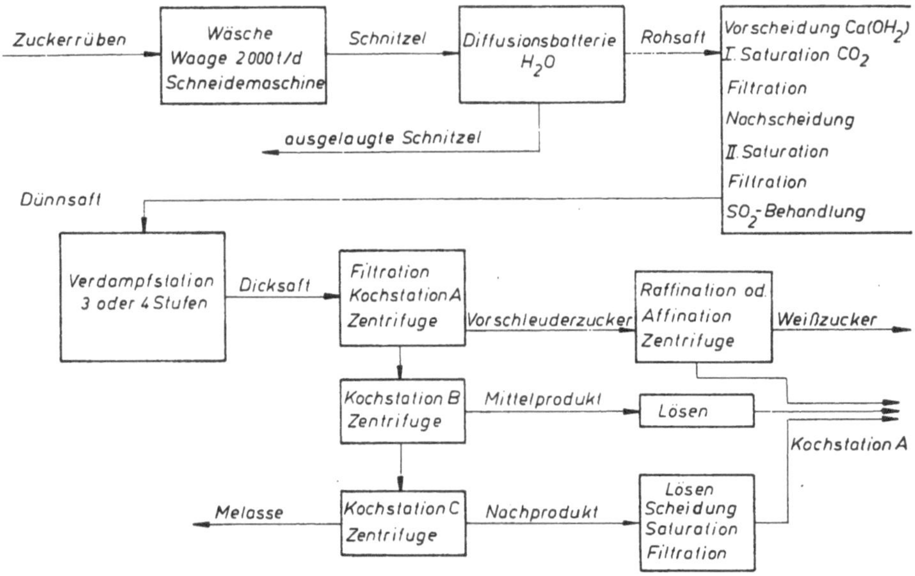

Abb. 2: Blockschema einer Zuckerfabrik

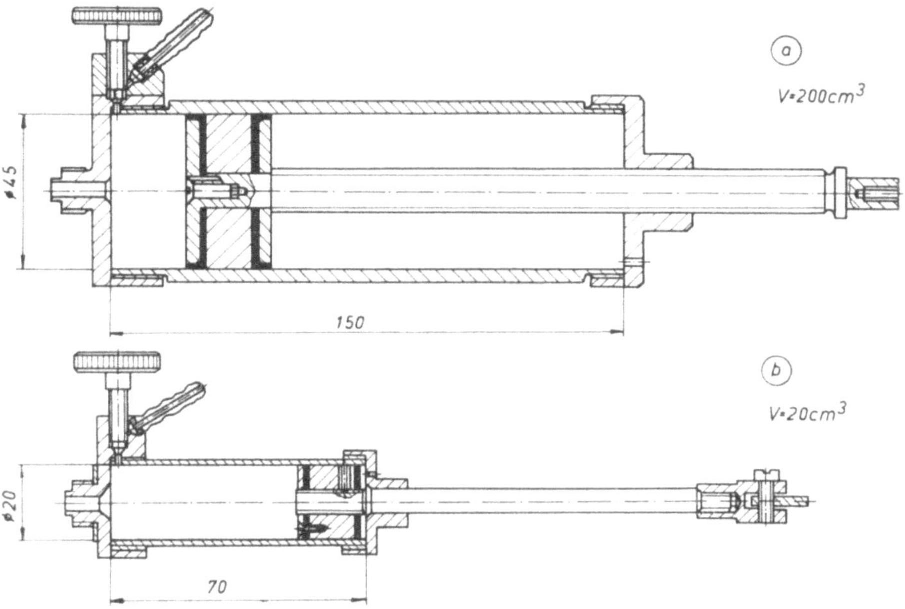

Abb. 3: Dosiereinrichtungen für Zugabe des Indikators

a) Schraubeinspritzzylinder für sprungförmige Dosierung; b) Einspritzzylinder für stoßförmige Dosierung

(Abb. 2): Der markierte alkalische Dünnsaft wird kontinuierlich auf der Verdampfstation in mehreren Stufen eingedampft. Der dadurch entstandene Dicksaft wird dann weiter diskontinuierlich unter Vakuum verkocht. Die mit dem Dünnsaft eingebrachte Aktivität wird durch die Vielzahl der Folgeprozesse, die alle eine Vermischung bewirken, über die gesamte Tagesproduktion gleichmäßig verteilt. Die MZK_{H_2O} [4] im Zucker wird nicht überschritten, wenn in den Dünnsaft sogar 1 Ci (Curie) eingebracht wird. Maximal wurden 150 mCi eingebracht, verteilt über 4—6 Versuche, die sich über einen Zeitraum von 12···16 h erstreckten.

Die Markierung des Zuckerdünnsaftes erfolgte mit Hilfe speziell gefertigter Einspritzzylinder, die eine sprungförmige oder stoßweise Zudosierung der Aktivität erlaubten (Abb. 3).

Auf kontinuierliche Messungen unmittelbar an den vorhandenen, z. T. verbaut angebrachten Rohrleitungen des Zu- und Auslaufes der Verdampfer wurde verzichtet. Das Abschirmproblem kann mit einfachen Mitteln nicht befriedigend gelöst werden; gleichzeitig würden höhere Aktivitäten und ein Kühlsystem für den Dedektor notwendig werden.

Es wurden daher aus den Rohrleitungen Proben entnommen, die in einer Stahlabschirmkammer mit einer Szintillationsmeßeinrichtung (Meßzeit $t \leq 0{,}3$ min) ausgemessen wurden. Die Subtraktion des Nulleffektes erfolgte automatisch am Meßplatz. Nach Berücksichtigung des Zerfalls von ^{132}J über der Zeit waren die Ergebnisse direkt auswertbar.

Als Probenbehälter wurden paraffinierte Pappbecher benutzt; sie sind so billig, daß sie nach einmaliger Benutzung vernichtet werden können. Die Probengröße betrug 200 g.

4. Meßergebnisse

Während der Verarbeitungskampagnen 1965 und 1966 wurden in vier Zuckerfabriken differentielle Verweilzeitspektren in verschiedenen Druckverdampfern der I. und II. Stufe bei unterschiedlichen Betriebsbedingungen gemessen (Abb. 4, 5). Die stoßweise Eingabe des Indikators ^{132}J erfolgte 10 m vor dem Verdampfereingang. Die 5 m vor dem Verdampfereingang gemessene Halbwertsbreite des Eingangsstoßes betrug $t_{1/2} < 0{,}1$ min. Damit ist die Voraussetung für die Aufnahme differentieller Verweilzeitspektren für diesen Fall erfüllt. Die Indikatorkonzentration (Impulsrate) wurde 5 m entfernt vom Ausgang des Verdampfers über Zeiten bis zu 90 min verfolgt.

Entgegen den Erwartungen der Zuckertechnologen weichen alle gemessenen Verweilspektren von der Kolbenströmung wesentlich ab. Ihre Form ist abhängig vom Verdampfertyp (Abb. 4) und seinen Betriebszuständen. Insbesondere treten meßbare Unterschiede zwischen den einzelnen Verdampferstufen auf, die im wesentlichen durch die zunehmende Viskosität des eingedampften Dünnsaftes bedingt sind (Abb. 5a, 5b). Die Breite des über die I. und II. Stufe ge-

[4] MZK_{H_2O} = Maximal zulässige Konzentration des Nuklids im Trinkwasser ($2 \cdot 10^{-8}$ Ci/l für ^{132}J).

messenen Verweilzeitspektrums wird durch die Verweilzeitschwankungen in der II. Stufe bestimmt (Abb. 5c).

Die gemessenen integralen Verweilzeitspektren (Abb. 6) sind für eine Auswertung nur bedingt geeignet, denn mit dem zur sprungförmigen Dosierung benutzten Schraubeinspritzzylinder (Abb. 3a) war es nicht möglich, den Indikator über längere Zeiträume hinweg konstant zu dosieren. Die angedeutete Eingangskonzentration des Indikators stellt in dieser Hinsicht eine Idealisierung dar.

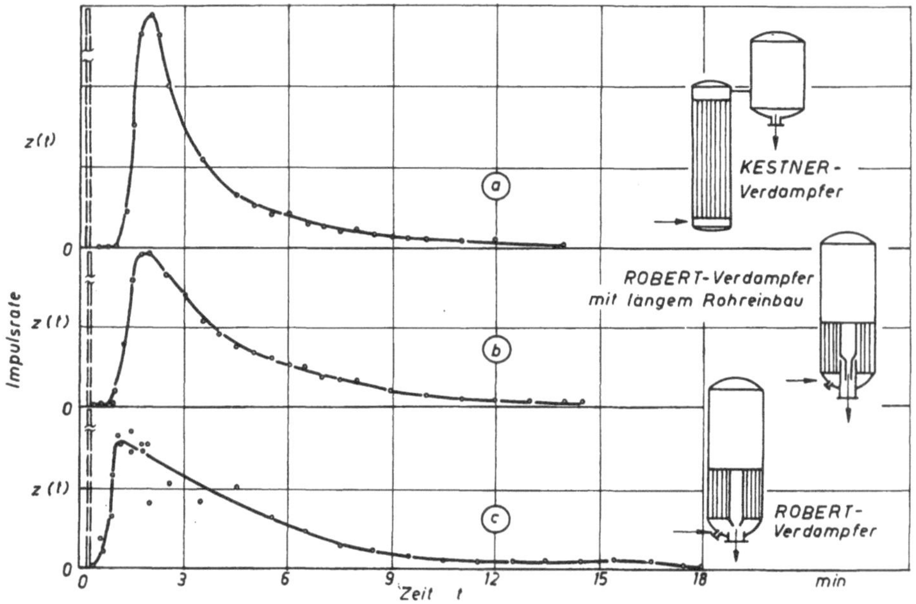

Abb. 4: Normierte differentielle Verweilzeitspektren des Dünnsaftes in Verdampfern der I. Stufe
a KESTNER-Verdampfer
b ROBERT-Verdampfer mit langem Rohreinbau
c ROBERT-Verdampfer

Die gemessenen Impulsraten als Maß für die Indikatorkonzentrationen sind in relativen Einheiten aufgetragen. Durch geeignete Wahl der Maßstäbe sind die Flächen unter den Kurven (Impulszahl als Maß für die verwendete Indikatormenge) gleich; ––– Indikatorkonzentration am Verdampfereingang; ——— Indikatorkonzentration am Verdampferausgang

5. Auswertung

Für die systematische Analyse integraler Verweilzeitspektren sind von DANCKWERTS [2] Größen definiert worden, die die Abweichung der Spektren von der Kolbenströmung und der idealen Mischercharakteristik beschreiben und mit deren Hilfe eine Klassifizierung gemessener Verweilzeitspektren vorgenommen werden kann.

Gemessene differentielle Verweilzeitspektren beliebiger Form können ausgewertet werden durch Ermittlung einer äquivalenten Rührstufenzahl $n_{äq}$ [3]. Dabei wird angenommen, daß die untersuchte Anlage aus einzelnen hintereinander geschalteten Rührstufen (ideale Mischer) besteht. Im Falle gleicher mittlerer Verweilzeit in den Rührstufen ist die Berechnung des Verweilzeitspektrums einer aus n Rührstufen bestehenden Rührkaskade relativ einfach.

Die Auswertung der vorliegenden Kurven nach den beiden genannten Verfahren ist für weitere zuckertechnologische Betrachtungen nicht zweckmäßig. Für die Auswertung der differentiellen Verweilzeitspektren wird zunächst der ideale kontinuierliche Mischer betrachtet.

Er ist dadurch charakterisiert, daß die in einem kleinen Zeitintervall Δt zwischen t und $t + \Delta t$ eintretende Indikatormenge sofort über die im gesamten Volumen des Mischers befindliche Substanz gleichmäßig verteilt wird. Die Bilanz der Indikatormenge im Mischer lautet für das Zeitintervall Δt:

$$\Delta N_m = N_e - N_a \,. \tag{1}$$

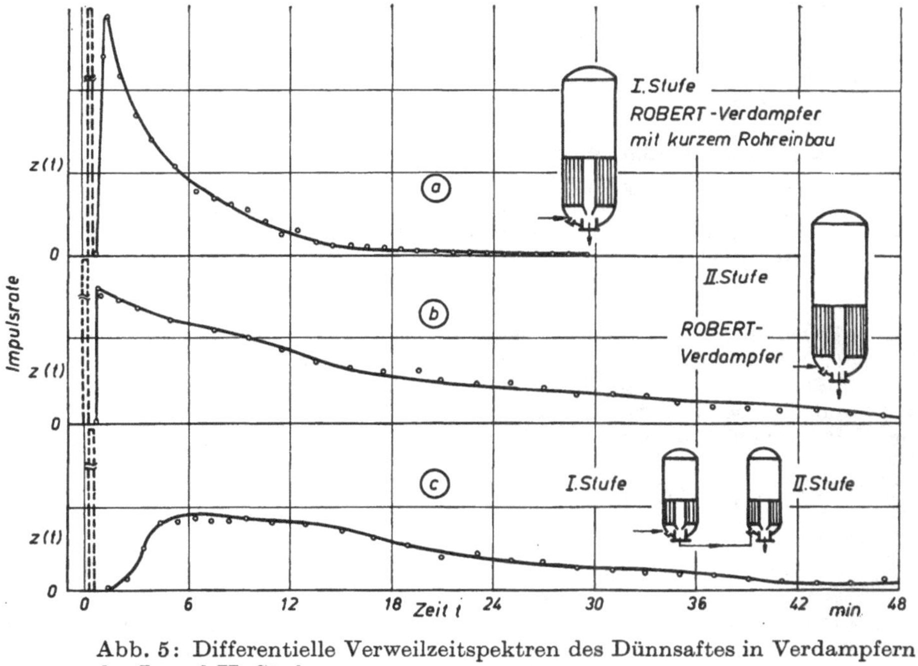

Abb. 5: Differentielle Verweilzeitspektren des Dünnsaftes in Verdampfern der I. und II. Stufe

a ROBERT-Verdampfer mit kurzem Rohreinbau (I. Stufe)

b ROBERT-Verdampfer (II. Stufe)

c Verdampfer a und b hintereinandergeschaltet

Die gemessenen Impulsraten als Maß für die Indikatorkonzentration sind in relativen Einheiten aufgetragen. Die Flächen unter den Kurven sind nicht normiert; — — — Indikatorkonzentration am Verdampfereingang; ——— Indikatorkonzentration am Verdampferausgang

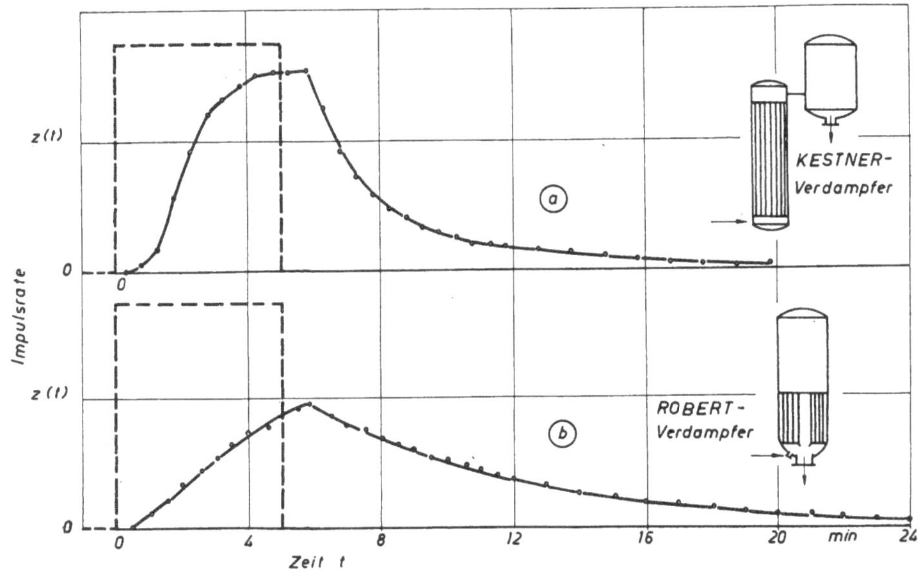

Abb. 6: Integrale Verweilzeitspektren des Dünnsaftes in Verdampfern der I. Stufe

a KESTNER-Verdampfer

b ROBERT-Verdampfer

Die gemessenen Impulsraten als Maß für die Indikatokonzentrationen sind in relativen Einheiten aufgetragen. Durch geeignete Wahl der Maßstäbe sind die Flächen unter den Kurven (Impulszahl als Maß für die verwendete Indikatormenge) gleich; — — — Indikatorkonzentration am Verdampfereingang (idealisiert); ——— Indikatorkonzentration am Verdampferausgang

Dabei bedeuten N_e die in den Mischer eintretende Indikatormenge, N_a die ihn verlassende und ΔN_m die Änderung der Indikatormenge im Volumen des Mischers. N_e und N_a können aus den Konzentrationen des Indikators am Ein- und Ausgang $C_e(t)$ und $C_a(t)$ sowie dem zeitlich konstanten Durchsatz v durch Integration über das Zeitintervall Δt berechnet werden:

$$N_e = \int_t^{t+\Delta t} v\, C_e(t)\, \mathrm{d}t\,, \tag{2}$$

$$N_a = \int_t^{t+\Delta t} v\, C_a(t)\, \mathrm{d}t\,. \tag{3}$$

Unter Berücksichtigung der Eigenschaft des idealen kontinuierlichen Mischers, daß sich eine Indikatorkonzentration an seinem Ausgang von der Konzentration im Mischraum nicht unterscheidet, kann der im Mischraum befindliche Anteil des Indikators aus der zeitlichen Änderung der Ausgangskonzentration und seinem Volumen V berechnet werden:

$$\Delta N_m = \int_t^{t+\Delta t} V\, \frac{\mathrm{d}C_a(t)}{\mathrm{d}t}\, \mathrm{d}t\,. \tag{4}$$

Die Differentialgleichung des idealen Mischers lautet

$$t_m \frac{dC_a(t)}{dt} + C_a(t) = C_e(t) \,, \tag{5}$$

mit der Lösung

$$C_a(t) = \int_0^t t_m^{-1} C_e\,(t - \alpha) \exp\,(-\alpha/t_m)\, d\alpha \,. \tag{6}$$

Dabei ist t_m die mittlere Verweilzeit des Indikators im Mischer. Die Integrationsvariable α hat die Bedeutung einer Zeit.
Durch Wahl spezieller Eingangsfunktionen $C_e(t)$ des Indikators ergeben sich aus Gl. (6) für $C_a(t)$ das differentielle Verweilzeitspektrum $z(t)$ und das integrale Verweilzeitspektrum $N(t)$ (Abb. 7).

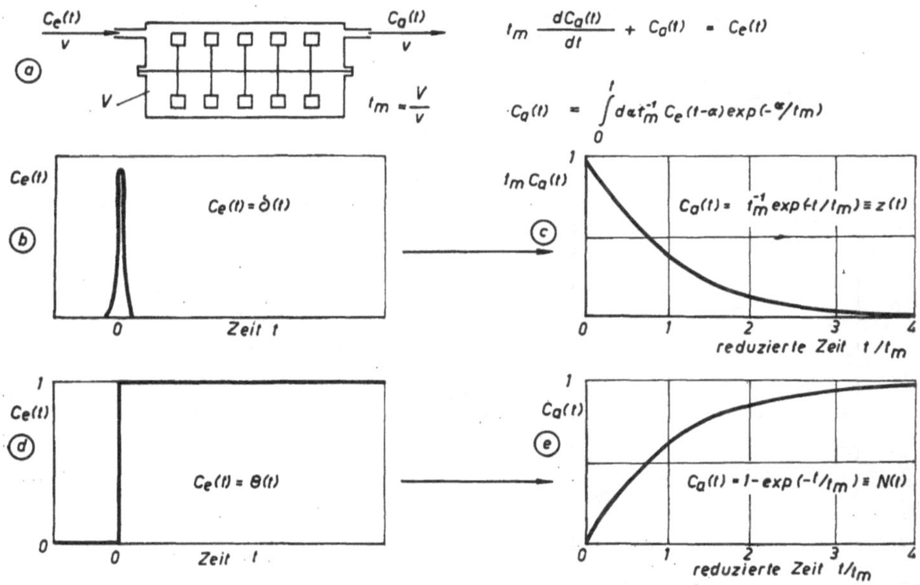

Abb. 7: Idealer kontinuierlicher Mischer — differentielles und intregales Verweilzeitspektrum

Am Ausgang eines idealen kontinuierlichen Mischers (a) wird bei stoßförmigem Verlauf der Eingangskonzentration (b) eines Indikators das differentielle Verweilzeitspektrum (c), eine Exponentialfunktion mit negativem Exponenten, gemessen. Bei sprungförmigem Verlauf der Eingangskonzentration (d) mißt man das integrale Verweilzeitspektrum (e). Es kann auch durch Integration aus dem differentiellen berechnet werden.

Wählt man als Eingangskonzentration des Indikators einen Stoß zur Zeit $t = 0$, ergibt sich mit

$$C_e(t) = \delta(t) \,, \tag{7}$$

wobei $\delta(t)$ Diracsche Delta-Funktion,
für die Ausgangskonzentration $C_a(t)$ das differentielle Verweilzeitspektrum, die

Impulsrate $z(t)$, in der Form

$$C_a(t) = \int_0^t t_m^{-1}\, \delta\,(t - \alpha) \exp\,(- \alpha/t_m)\, \mathrm{d}\alpha = t_m^{-1} \exp\,(- t/t_m) \equiv z(t)\,. \tag{8}$$

Wählt man als Eingangskonzentration des Indikators einen bei $t = 0$ sprungförmig beginnenden und danach konstant bleibenden Verlauf, ergibt sich mit

$$C_e(t) = \Theta(t)\,, \tag{9}$$

wobei $\Theta(t)$ die Sprungfunktion ist,
für den Verlauf der Ausgangskonzentration $C_a(t)$ das integrale Verweilzeitspektrum als Impulszahl $N(t)$, das man als ideale Mischer-Übergangsfunktion bezeichnen kann:

$$C_a(t) = \int_0^t t_m^{-1}\, \Theta\,(t - \alpha) \exp\,(- \alpha/t_m)\, \mathrm{d}\alpha = \int_0^t t_m^{-1} \exp\,(- \alpha/t_m)\, \mathrm{d}\alpha \tag{10}$$

$$C_a(t) = 1 - \exp\,(- t/t_m) \equiv N(t)\,.$$

Das integrale Verweilzeitspektrum geht aus dem differentiellen durch Integration hervor.

$$N(t) = \int_0^t z(t)\, dt\,. \tag{11}$$

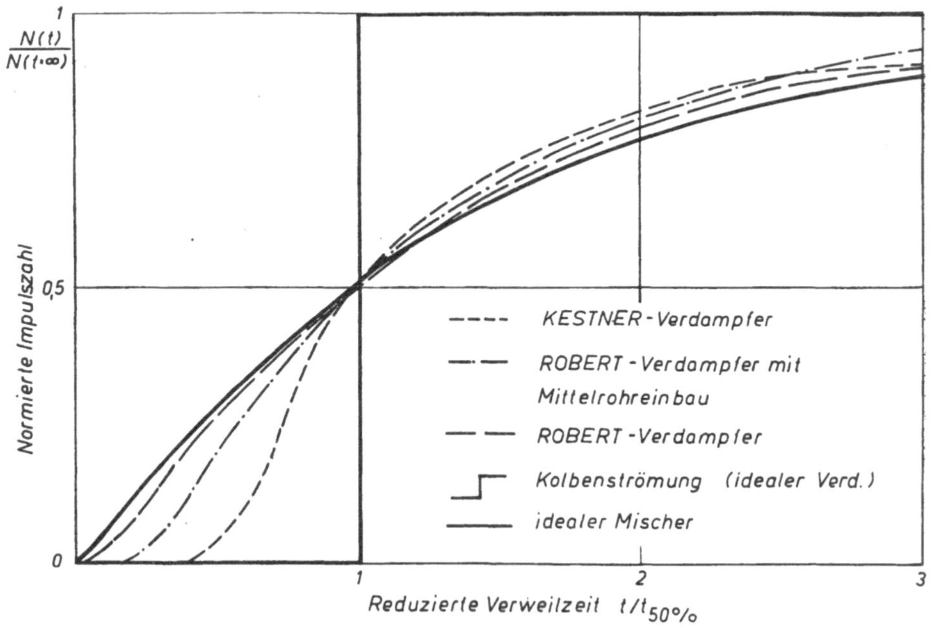

Abb. 8: Graphisch ermittelte integrale Verweilzeitspektren von Dünnsaft in Verdampfern der I. Stufe

Die Abszisse ist auf die Medianzeit $t_{50\%}$ bezogen, die aus der Beziehung $\dfrac{N\,(t = t_{50\%})}{N\,(t = \infty)} = 0{,}5$ berechnet wurde.

Die normierten integralen Verweilzeitspektren (Abb. 8) sind auf diese Weise aus den differentiellen Verweilzeitspektren (Abb. 4) berechnet worden. In dieser Darstellung werden die Unterschiede im Strömungsverhalten der Verdampfer anschaulicher wiedergegeben. Zum Vergleich sind die Grenzfälle der Kolbenströmung und des idealen Mischers mit eingezeichnet worden.
Es dauert eine endliche Zeit (Abb. 4, 5), bis der stoßförmig zudosierte Indikator am Ausgang erscheint. Man kann diese Zeit als Totzeit $t_{1\%}$ (für den Durchbruch des Indikators) definieren, also als die Zeit, in der 1% der am Eingang des Verdampfers markierten Saftmenge den Ausgang passiert hat. Der restliche Teil des integralen Verweilzeitspektrums ist dem eines idealen Mischers ähnlich. Die Verdampfer können also als Hintereinanderschaltung von zwei Gefäßen unterschiedlicher Volumina aufgefaßt werden. In einem Gefäß herrscht Kolbenströmung; das andere ist ein idealer Mischer. Dieses Ergebnis gilt für alle untersuchten Verdampfertypen (Abb. 9). Die Werte für t_m wurden aus der mittleren

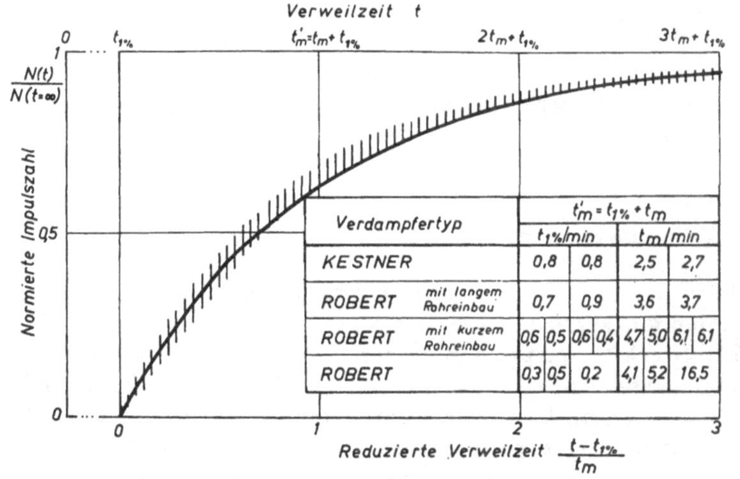

Abb. 9: Integrale Verweilzeitspektren von Dünnsaft in Druckverdampfertypen der Zuckerindustrie

Die ausgezogene Kurve ist das normierte integrale Verweilzeitspektrum eines idealen kontinuierlichen Mischers mit der mittleren Verweilzeit t_m in reduzierter Darstellung (untere Skale). In dem angedeuteten Bereich um diese Kurve verlaufen die graphisch ermittelten integralen Verweilzeitspektren von 11 Versuchen an 4 Verdampfertypen. Die Werte für t_m wurden aus der mittleren Verweilzeit t'_m in den Verdampfern und der Totzeit $t_{1\%}$ berechnet (obere Skale).

Verweilzeit t'_m des Indikators in den Verdampfern und der Totzeit berechnet:

$$t_m = t'_m - t_{1\%} \tag{12}$$

Die mittlere Verweilzeit t'_m wird durch graphische Integration aus den differentiellen Verweilzeitspektren $z(t)$ ermittelt.

$$t'_m = \frac{\int_0^\infty t\, z(t)\, dt}{\int_0^\infty z(t)\, dt} = \frac{\int_0^\infty t\, z(t)\, dt}{N(t=\infty)}\,. \tag{13}$$

Die Totzeit $t_{1\%}$ wird aus der Beziehung

$$\frac{\int_0^{t_{1\%}} z(t)\,dt}{\int_0^{\infty} z(t)\,dt} = \frac{N(t = t_{1\%})}{N(t = \infty)} = 0{,}01 \tag{14}$$

berechnet.

Durch diese einfache Charakterisierung der gemessenen Verweilzeitspektren in Druckverdampfertypen unterschiedlicher Betriebsbedingungen und -zustände sind die Voraussetzungen für weitere zuckertechnologisch wichtige Abschätzungen und Berechnungen geschaffen worden (z. B. Abschätzung der Zuckerverluste durch Kombination mit Gleichungen über die Zuckerzersetzungsgeschwindigkeit).

Analoge Messungen und Berechnungen stellen auch den Lösungsweg für die systematische Untersuchung und Bewertung von kontinuierlichen Futtermischern, Milchkurzzeiterhitzern, Kartoffeldämpfern und Trocknern dar und dürften auch bei weiteren verfahrenstechnischen Anlagen der Landwirtschaft anwendbar sein.

6. Zusammenfassung

Unter Verwendung von radioaktivem ^{132}J und einer Szintillationsmeßeinrichtung wurden die Verweilzeitspektren von Zuckerdünnsaft in kontinuierlich arbeitenden Druckverdampfern gemessen. Die Spektren unterscheiden sich bei allen untersuchten Typen und ihren verschiedenen Betriebszuständen voneinander; sie weichen stark von der erwünschten Kolbenströmung ab. Ihre mathematische Auswertung zeigt, daß sie durch die Übergangsfunktion eines äquivalenten idealen Mischers, dessen mittlere Verweilzeit sowie eine Totzeit allgemein beschrieben werden können. Dieses Auswerteverfahren ist auch auf andere verfahrenstechnische Anlagen der Landwirtschaft anwendbar.

Резюме

С помощью радиоактивного J-132 и сцинтилляционного измерительного устройства измерялись спектры времен пребывания сатурационного сока в беспрерывно работающих под давлением выпарных аппаратах. По всем обследованным типам и их различным режимам спектры различаются; они сильно уклоняются от желательного поршневого течения. Математическая обработка показывает, что их общее описание возможно применением переходной функции эквивалентного идеального смесителя, среднего его времени пребывания и мертвое время. Этот метод обработки применим и в отнощении других технологических устройствах в сельском хозяйстве.

Summary

The spectrum of residence time of sugar saturation juice in continuously working pressure evaporators were measured using radioactive ^{132}J and a scintillation measuring device. The spectra differ from one another in all the studied types and their different operating conditions; they strongly deviate from the desired piston flow. Mathematical evaluation of these spectra shows that they may be generally described by the transition function of an equivalent ideal mixer, by the latter's average residence time, and by a dead time. This evaluation method may also be applied to other process units of agriculture.

Literatur

[1] Classen, H.: Die Zuckerfabrikation. 7. Aufl., Magdeburg 1943, S. 203···204
[2] Danckwerts, P. V.: Continuous flow systems (Kontinuierlich durchströmte Systeme). Chemical Engineering Science, Vol. 2, Febr. 1953, Nr. 1, S. 1···9
[3] Pippel, W.: Bestimmung der Rührstufenzahl aus mit radioaktiven Nukliden gemessenen Verweilzeitspektren. Isotropenpaxis 2, Heft 3/1966, S. 136···140

Arch. f. Landtechnik · Bd. 7 · 1968 · S. 29—35 · Berlin

Aus dem Institut für Mechanisierung der Landwirtschaft Potsdam-Bornim
der Deutschen Akademie der Landwirtschaftswissenschaften zu Berlin

ANTON KLUG

Die Wärmeaufnahme der Kartoffeln beim Dämpfen

Eingegangen: 28. Juni 1967

1. Aufgabe

In der DDR werden jährlich 5···8 Mill. Tonnen Kartoffeln für die Fütterung der Schweine verwendet [1]. Ein Teil der Kartoffeln wird speziell für Futterzwecke angebaut und unsortiert mit nennenswerten Masseunterschieden der einzelnen Kartoffeln gedämpft (Abb. 1). Bei der Speise- und Pflanzkartoffelsortierung fallen Unter- und Übergrößen an, deren Massen zwischen 10···500 g liegen können und die ebenfalls gemeinsam gedämpft werden.

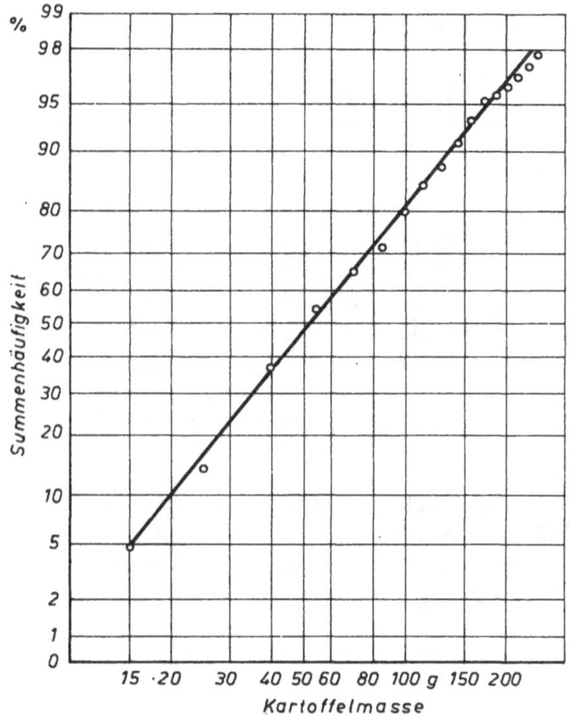

Abb. 1: Häufigkeitsverteilung der Kartoffelmasse von Stichproben bei den Dämpfversuchen 1966.
Anzahl der Kartoffeln 2100 Stück, Klassenbreite 15 g.

Rohe Kartoffeln, frisch und auch siliert, werden von den Schweinen in nur geringen Mengen gefressen. Sie können neben 1 kg Kraftfutter den täglichen Nährstoffbedarf eines Mastschweines nicht decken. Geringere Futteraufnahme und schlechtere Verdaulichkeit führen bei rohen Kartoffeln im Vergleich zu gedämpften zu unzureichenden Mastzunahmen [2, 5]. Ein Aufschließen der Stärke durch Erwärmen ist unerläßlich [4].

Die Kartoffeln werden gegenwärtig in der Praxis in Dämpfmaschinen mit überhitztem Niederdruckdampf von 125 °C auf eine Temperatur von rd. 95 °C erwärmt und so lange bei dieser Temperatur gehalten, bis eine vollständige Garung aller Kartoffeln erreicht ist. Unter Garung ist das Erreichen einer mehligen, weichen Beschaffenheit zu verstehen. Es ist bekannt, daß eine Temperatur von 67 °C genügt, um die Stärke in der Kartoffel aufzuschließen. Die Garung erfolgt erst bei höheren Temperaturen.

Untersuchungen haben gezeigt, daß auf die Garung verzichtet werden kann. Die Futteraufnahme und die Verdaulichkeit werden dadurch nicht verschlechtert [3]. Erfahrungsgemäß wird für die vollständige Garung der größten Kartoffeln eine Dämpfzeit $z_D = 45 \cdots 60$ min benötigt. Die kleineren Kartoffeln sind schon wesentlich früher gar.

Der Durchsatz D der Dämpfmaschine hängt von der verfügbaren Dampfmenge ab. Das Volumen V des Dämpfbehälters errechnet sich aus der Dämpfzeit z_D für die größten Kartoffeln, dem gewünschten Durchsatz D und der Schüttdichte ϱ:

$$V = \frac{D \cdot z_D}{\varrho \cdot 60} \qquad \left|\frac{V}{\mathrm{m}^3}\right|\frac{D}{\mathrm{t/h}}\left|\frac{z_D}{\mathrm{min}}\right|\frac{\varrho}{\mathrm{t/m}^3}\right| \tag{1}$$

Die Schüttdichte beträgt etwa $\varrho = 0{,}7\ t/\mathrm{m}^3$.

Bei den kontinuierlich arbeitenden Dämpfmaschinen werden die rohen Kartoffeln oben in den Behälter eingegeben und die gedämpften unten durch eine Schnecke ausgestoßen. Höhere Durchsätze verlangen größere Behälter, wenn die Dämpfzeit gleich bleiben soll. Nachteilig bei größeren Behältern sind der steigende Bauaufwand und die ungleichmäßige Durchlaufzeit, weil sich die Schnecke bevorzugt an einer Stelle befüllt. Eine gleichmäßge Erwärmung der Kartoffeln ist erwünscht, deshalb sind dem Behältervolumen nach oben Grenzen gesetzt. Um den Durchsatz von Dämpfmaschinen zu erhöhen, muß also die Dämpfzeit verkürzt werden.

Ziel der Untersuchung war, die mögliche Dämpfzeitverkürzung festzustellen. Zu diesem Zweck ist die Wärmeaufnahme Q von Kartoffeln mit mittleren Massen von 62 g, 98 g, 141 g, 300 g und einem mittleren Stärkegehalt von 16,0⋯19,7% in Abhängigkeit von der Dämpfzeit gemessen und daraus die mittlere Temperatur errechnet worden.

2. Methode

Zur Bestimmung der Wärmeaufnahme wird eine Kartoffel in einem Dämpftopf (Abb. 2) über siedendem Wasser entsprechend der vorgesehenen Dämpfzeit erwärmt. Die bis zur Zeit z_D aufgenommene Wärme Q wird in einem Kalorimeter nach der üblichen Methode bestimmt:

$$Q = \Delta t \cdot W \qquad \left|\frac{Q}{\text{kcal}}\right|\frac{\Delta t}{\text{grd}}\left|\frac{W}{\text{kcal/grd}}\right| \tag{2}$$

Δt Temperaturerhöhung des Kalorimeters
W Wärmewert (Wasserwert) des Kalorimeters

Abb. 2: Versuchseinrichtung zur Ermittlung der Wärmeaufnahme von Kartoffeln beim Dämpfen.
1 elektrisch beheizter Dämpftopf; 2 Kalorimeter

Der Wärmewert W ist rechnerisch und experimentell bestimmt worden und blieb für alle Versuche gleich. Während der Messung findet ein unerwünschter Wärmeaustausch zwischen dem Innengefäß des Kalorimeters und dem mit Wasser gefüllten Außenmantel statt, der das Meßergebnis geringfügig verfälscht. Die erforderliche Korrektur von Δt wurde experimentell ermittelt.

3. Ergebnisse

Die Wärme Q, die beim Dämpfen an die Kartoffel übertragen wird, ist von der Temperatur t_D des Sattdampfes, der jeweiligen Oberflächentemperatur t_{KO} der Kartoffel, der Zeit z, der Oberfläche F und der Wärmeübergangszahl α abhängig:

$$dQ = \alpha \cdot F\,(t_D - t_{KO})\,dz \qquad \left|\frac{Q}{\text{kcal}}\right|\frac{\alpha}{\text{kcal/m}^2\,\text{hgrd}}\left|\frac{F}{\text{m}^2}\right|\frac{t_D}{{}^\circ\text{C}}\left|\frac{t_{KO}}{{}^\circ\text{C}}\right|\frac{z}{\text{h}}\right| \tag{3}$$

Bei einer bestimmten Kartoffel bleiben α und F konstant, so daß die übertragene Wärmemenge je Zeiteinheit nur von der Temperaturdifferenz abhängt. Die Differenz ist am Anfang des Dämpfens groß und nimmt mit verlängerter Dämpfzeit ab.

Die maximal mögliche Wärmeaufnahme Q_{max} läßt sich aus der Masse m der Kartoffel, der spezifischen Wärme c, der Dampftemperatur t_D und der Kartoffel-

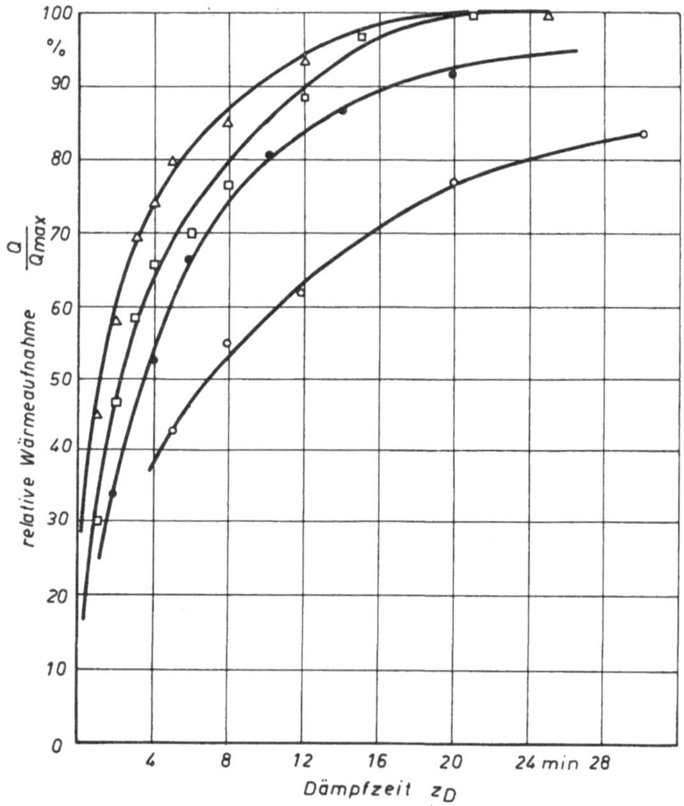

Abb. 3: Relative Wärmeaufnahme Q/Q_{max} der Kartoffeln in Abhängigkeit von der Dämpfzeit z_D.

Zeichen	Kartoffelmasse g	Stärkegehalt %
△	62 ± 3	16,0 ± 3,0
□	98 ± 7	19,7 ± 1,2
●	141 ± 11	17,2 ± 2,2
○	300 ± 8	17,0 ± 1,2

$$\text{relative Wärmeaufnahme} = \frac{\Delta t \cdot W}{m \cdot c \cdot (t_D - t'_{KA})}$$

Dampftemperatur $t_D = 100$ °C,
Kartoffelanfangstemperatur $t_{KA} = 20$ °C.

anfangstemperatur t_{KA} berechnen:

$$Q_{max} = m \cdot c\,(t_D - t_{KA}) \qquad \left|\frac{Q_{max}}{\text{kcal}}\right|\frac{m}{\text{kg}}\left|\frac{c}{\text{kcal/kg grd}}\right|\frac{t_D}{°\text{C}}\left|\frac{t_{KA}}{°\text{C}}\right|, \tag{4}$$

Bei siedendem Wasser handelt es sich um Sattdampf bei Normaldruck. Deshalb ist die Dampftemperatur $t_D = 100$ °C. Die Anfangstemperatur $t_{KA} = 20$ °C war für alle Kartoffeln gleich.

Die relative Wärmeaufnahme Q/Q_{max} ist von der Dämpfzeit und von der Kartoffelmasse abhängig (Abb. 3). Die Temperatur in der Kartoffel steigt in dem

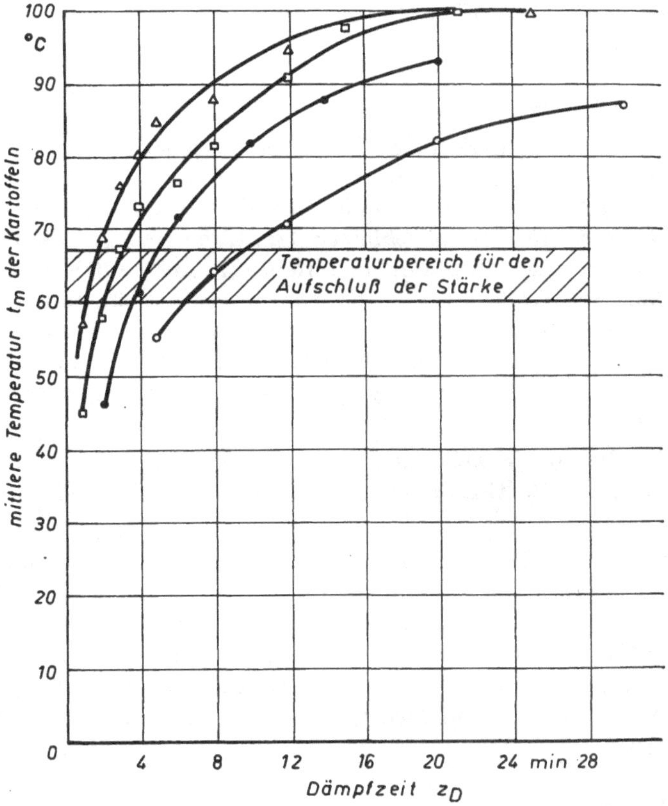

Abb. 4: Mittlere Temperatur t_m der Kartoffeln in Abhängigkeit von der Dämpfzeit z_D.

Zeichen	Kartoffelmasse g	Stärkegehalt %
△	62 ± 3	16,0 ± 3,0
□	98 ± 7	19,7 ± 1,2
●	141 ± 11	17,2 ± 2,2
○	300 ± 8	17,0 ± 1,2

Dampftemperatur $t_D = 100$ °C,
Kartoffelanfangstemperatur $t_{KA} = 20$ °C.

Maße an, wie die Wärme durch Leitung in das Innere eindringt. Es liegt somit ein Problem der instationären Wärmeübertragung vor. Es besteht deshalb ein Temperaturgefälle von den Außen- zu den Innenschichten der Kartoffel. Die mittlere Temperatur t_m kann nur schwierig durch Temperaturmessung in der Kartoffel bestimmt werden. Sie läßt sich einfacher aus der aufgenommenen Wärme Q berechnen:

$$t_m = \frac{Q}{Q_{\max}} \cdot (t_D - t_{KA}) + t_{KA} \qquad \left| \frac{t_m}{°C} \middle| \frac{t_D}{°C} \middle| \frac{t_{KA}}{°C} \middle| \frac{Q}{\text{kcal}} \middle| \frac{Q_{\max}}{\text{kcal}} \right| . \qquad (5)$$

Auf Grund der hohen Temperaturdifferenz am Anfang des Dämpfens steigt die Temperatur der Kartoffel anfänglich schnell an und nähert sich dann langsam der Dampftemperatur (Abb. 4).

4. Schlußfolgerungen

Die Untersuchungen zeigen, daß die Kartoffeln entsprechend ihrer Größe 50% der möglichen Wärme während einer Dämpfzeit von 1···7 min aufnehmen (Abb. 3). Die mittlere Temperatur steigt ebenfalls rasch an (Abb. 4). Schon nach 2···10 min ist die für das Aufschließen der Stärke geltende Maximaltemperatur von 67 °C überschritten. Bei Kartoffeln mit einer mittleren Masse von 52 g würde eine Dämpfzeit von rd. 4 min ausreichen, um eine mittlere Temperatur von 70 °C aller Kartoffeln einer Fraktionszusammensetzung zu erhalten. Die Temperatur von 95 °C, bei der die Kartoffeln bis zur vollständigen Garung in Dämpfmaschinen 45···60 min lang gedämpft werden, ist schon nach rd. 14 min erreicht.

Es besteht also die Möglichkeit, die Dämpfzeit zu verringern. Senkt man die Dämpftemperatur auf 70 °C, dann kann der Durchsatz auch bei gleicher Dampfmenge erhöht werden.

Im Dämpftopf wurde die Kartoffel bei Dampfüberschuß erwärmt, um die maximale Wärmeaufnahme zu ermitteln. Dampfüberschuß im praktischen Betrieb bedeutet Wärmeverlust. Um diesen zu vermeiden, wird man bei Dämpfmaschinen nicht mit der schnellen Wärmeaufnahme rechnen können. Messungen an einer Dämpfmaschine mit kleinerem Dämpfbehälter haben ergeben, daß eine Dämpfzeit von rd. 16 min ausreicht, um eine mittlere Temperatur von 74 °C zu erhalten.

5. Zusammenfassung

In den z. Z. gebauten Dämpfmaschinen werden die Kartoffeln bis auf eine Temperatur von 95 °C erwärmt und solange gedämpft, bis auch die größten vollständig weich sind. Die Wärmeaufnahme der Kartoffeln in Abhängigkeit von der Dämpfzeit ist ermittelt worden. Die aus der Wärmeaufnahme errechnete mittlere Temperatur der Kartoffeln zeigt, daß die für das Aufschließen der Stärke erforderliche Temperatur von 67 °C schon nach 10 min Dämpfzeit bei 270 g schweren Kartoffeln erreicht ist. Diese Erkenntnis gestattet es, den Durchsatz bei gleichem Dämpfbehältervolumen zu erhöhen.

Резюме

В имеющихся запарных агрегатах клубни картофеля подогревают до температуры 95 °C и пропаривают до тех пор, пока самые большие из них становятся совершенно мягкими. Установлено поглощение тепла клубнями в зависимости от продолжительности запаривания. Исчисленная из поглощенного тепла средняя температура клубней показывают, что необходимая для расщепления крахмала температура в 67°C достигается при клубнях весом в 270 г уже через десять минут запаривания. На этом основании можно повысить пропускную способность при одинаковой емкости паросборника.

Summary

In the presently built steaming machines the potatoes are heated up to a temperature of 95 °C and steamed until even the biggest potatoes are completely soft. The heat absorption of potatoes in dependence on the steaming period has been determined. The mean temperature of the potatoes as calculated from the heat absorption reveals that the temperature fo 67 °C which is required for the hydrolization of starch will be reached already after 10 minutes for potatoes weighing 270 g. It becomes possible on the basis of this finding to increase the throughput with the volume of the steamer remaining unchanged.

Literatur

[1] Elvert, G.: Die wirtschaftliche Bedeutung der Kartoffelproduktion unter Berücksichtigung der deutschen Anbaugebiete. In: Schick, R.; Klinkowski, H.: Die Kartoffel. Ein Handbuch. Bd. 1, Berlin, VEB Dt. Landwirtschaftsverlag, 1961, S. 971···1007

[2] Kirsch, W.; Jantzon, H.: Untersuchungen über den Wert roher und gesäuerter Hackfrüchte für das Schwein. Landwirtschaftl. Jahrbücher 85 (1937), S. 801 bis 828

[3] Klug, A.; Zillig, R.; Schierbaum, F.; Richter, M.; Görlitz, H.: Versuche zur Verkürzung der Dampfzeit von Futterkartoffeln. Archiv für Tierernährung 14 (1963), S. 213···229

[4] Laube, W.: Die Hackfruchtsilierung — entscheidend für die kontinuierliche Versorgung der Schweine mit wirtschaftseigenem Sattfutter. Wissenschaftl.-techn. Fortschritt für die Landwirtschaft 5 (1964), S. 413···414

[5] Wacker, H.; Kretzschmar, G.: Ergebnisse dreijähriger Versuche mit der Einsäuerung roher Kartoffeln. Das wirtschaftseigene Futter 11 (1965), H. 3

Arch. Landtechnik · Bd. 7 · 1968 · H. 1 · S. 37–48 · Berlin

Aus dem Institut für Mechanisierung der Landwirtschaft
der Deutschen Akademie der Landwirtschaftswissenschaften zu Berlin

LIESELOTTE KUNATH und KLAUS BAGANZ

Untersuchungen zur Kennzeichnung der Eignung vorgekeimter Kartoffeln zum maschinellen Legen

Eingegangen: 25. April 1967

1. Aufgabenstellung

Ein verstärkter Anbau vorgekeimter Kartoffeln ist nicht nur aus pflanzenbaulichen und pflanzensanitären Gründen, sondern auch aus der Sicht der Erntetechnik auf bindigeren Böden wünschenswert. Neben den noch unbefriedigenden Verfahren des Vorkeimens erschwert jedoch der hohe Handarbeitsaufwand beim Legen die Erweiterung der Vorkeimflächen und führt zu Forderungen nach vollautomatischen Legemaschinen für vorgekeimte Kartoffeln. Für die Entwicklung und Beurteilung solcher Maschinen sind genaue Kenntnisse über die landtechnisch interessierenden Kennwerte vorgekeimter Kartoffeln notwendig.

Beim Legen vorgekeimter Kartoffeln mit den gegenwärtig üblichen automatischen Legemaschinen treten erhebliche Keimverluste auf (Abb. 1). Die meisten

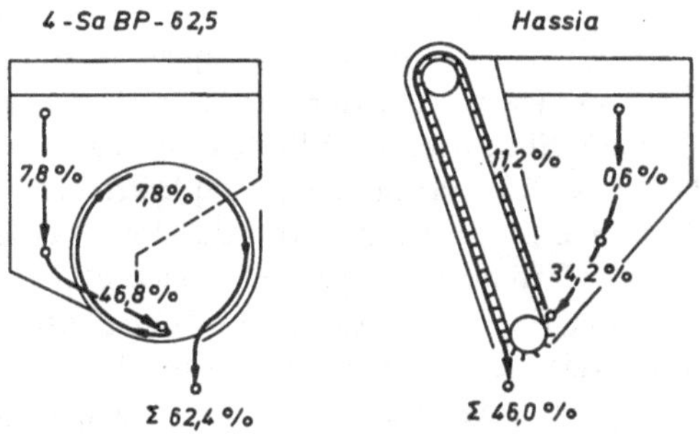

Abb. 1: Keimverluste beim Durchlauf vorgekeimter Kartoffeln in den Legemaschinen 4-SaBP-62,5 (Greiferrad) und Hassia (Becherkette)

Keimschäden entstehen dabei im Schöpfraum. Zur Kennzeichnung der Keimeigenschaften in Verbindung mit automatischem Legen sind u. a. Messungen der Keimfestigkeit bei definierter Zug-, Biege- und Drehbeanspruchung bekannt [3]. Es sollte untersucht werden, ob derartige Messungen zur Kennzeichnung der Keimeigenschaften zweckmäßig sind. Ferner interessierten bei diesen Untersuchungen Möglichkeiten zur Beeinflussung der Festigkeitseigenschaften von Kartoffelkeimen[1].

2. Festigkeitseigenschaften von Keimen bei definierter Beanspruchung

Als Grundlage für die Untersuchungen wurden in Anlehnung an frühere Arbeiten die Biege- und Zugfestigkeit der Kartoffelkeime ermittelt. Als Kraftmeßgerät fand ein geeignet veränderter Federdurchbiegungsmeßgeber zum Universal-Gerät nach GEIGER (VEB Metallwerke Meerane) Verwendung. Neben der Bruchlast P_z oder P_b und bei Biegebeanspruchung des wirksamen Hebelarmes l wurde von jedem abgerissenen Keim Länge L und Durchmesser D sowie der Durchmesser der Bruchfläche d_z oder d_b, die fast immer an der Keimanwachsstelle lag, gemessen (Abb. 2).

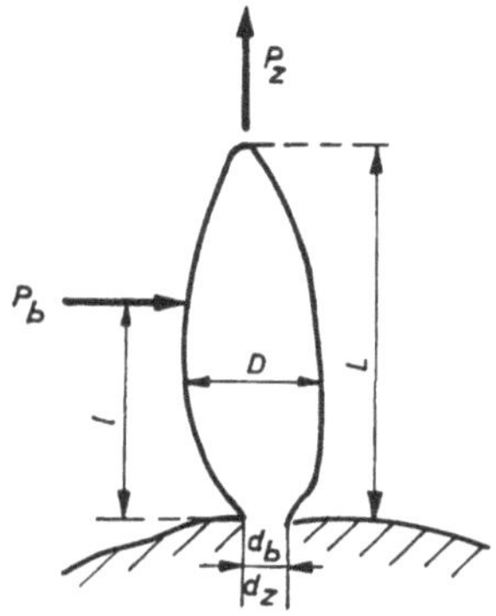

Abb. 2: Kräfte und Längen beim Abreißen von Keimen bei definierter Beanspruchung (schematisch)

Zur Ermittlung des Sorteneinflusses wurden 14 Sorten, z. T. aus mehreren Herkünften, untersucht. Die auf Zugbeanspruchung geprüften Sorten zeigen große Unterschiede zwischen den Zentralwerten der Bruchkräfte (Abb. 3). Die höchsten Bruchkräfte traten bei den Stämmen Lü 54872/10 und Li 4987/54 auf, während bei der Sorte „Ada" mit der geringsten Bruchkraft nur 55% des Wertes vom Stamm Lü 54872/10 gemessen wurde. Bei der Prüfung der Differenzen mit dem t-Test zeigte sich, daß nicht nur zwischen vielen Sorten, sondern auch zwischen den Herkünften einer Sorte Signifikanz besteht (Tab. 1).

Der Durchmesser der Keimbruchstelle an der Knolle schwankt bei den Sorten von 1,7···2,5 mm, entspricht aber nicht der Rangfolge der Bruchkraft, so daß die Bruchspannung nicht dieselbe Tendenz wie die Bruchkraft verfolgt. Die Zentralwerte der auf die Bruchfläche bezogenen mittleren Bruchspannung liegen im Versuchsmittel bei $\sigma_{Bz} = 250$ p/mm² und schwanken bei den Sorten zwischen $\sigma_{Bz} = 144$ p/mm² (Ada) und $\sigma_{Bz} = 382$ p/mm² (Li 4987/54). Der Spätkartoffelstamm G 2517/1, der eine extrem hohe Stolonenfestigkeit aufweist [1], ergab auch hinsichtlich der Keimfestigkeit den Extremwert $\sigma_{Bz} = 497$ p je mm².

[1] Die für die Versuche benutzten Kartoffeln wurden — wenn nicht anders bemerkt — einheitlich bei Tageslicht und 15 °C Durchschnittstemperatur vorgekeimt.

Tabelle 1

Sicherungen der Zentralwerte der Bruchkraft bei Zugbeanspruchung bei Prüfung der Differenzen mit dem t-Test

Sorte und Herkunft	Sorten-Nr.	P_z p	Sorten-Nr. 10	12	11	6	7	14	4	9	5	13	1	2	3
Lü 54872/10, Böhlendorf	8	918	O	+	+++	+++	+++	+++	+++	+++	+++	+++	+++	+++	+++
Li 4987/54, Lindenhof	10	891		O	+	+	++	++	++	+++	+++	+++	+++	+++	+++
Li 4403/55, Lüsewitz	12	812			O	O	O	O	O	++	+++	+++	+++	+++	+++
Antares, Lüsewitz	11	756				O	O	O	O	O	++	++	+++	+++	+++
Amsel, Stolpe	6	738					O	O	O	O	+	+++	++	+++	+++
Lü 54872/10, Lüsewitz	7	722						O	O	O	O	++	++	+++	+++
Bürs 27/54, Lüsewitz	14	711							O	O	O	+	++	+++	+++
Ada, Hohenbrünzow	4	708								O	O	+	+	++	+++
Li 4987/45, Lüsewitz	9	674									O	+++	+	++	+++
Amsel, Lüsewitz	5	641										O	O	+	+++
Li 4083/59, Lüsewitz	13	605											O	O	+
Auriga, Lüsewitz	1	577												O	O
Auriga, Gransebieth	2	551													O
Ada, Lüsewitz	3	503													
			25	26	23										
Ora, Lüsewitz	24	600	+	+++	+++										
Schwalbe, Lüsewitz	25	508		++	+++										
Zeisig, Lüsewitz	26	395			++										
Spekula, Lüsewitz	27	289													

0 ohne Sicherung
\+ mit α = 5% gesichert
++ mit α = 1% gesichert
+++ mit α = 0,1% gesichert

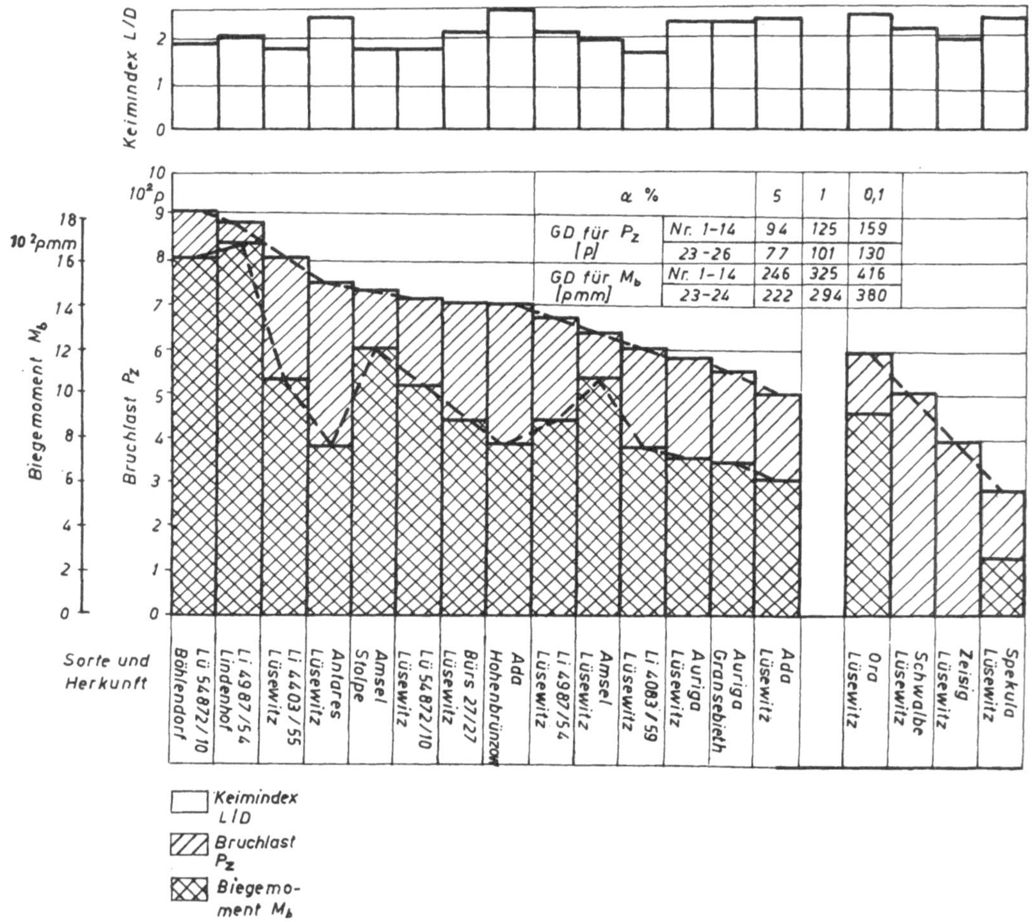

Abb. 3: Rangfolge der Zentralwerte von Bruchkraft sowie Biegemoment bei Keimbruch für verschiedene Sorten

Die Meßwerte der Biegebeanspruchung zeigten hinsichtlich des Biegemomentes bei Keimbruch stärkere Unterschiede als die Bruchkräfte. Bei der Sorte „Auriga" betrug das Biegemoment nur 38% des Biegemomentes vom Stamm Li 4987/54, bei dem das höchste Biegemoment auftrat. Die Differenzen zwischen den Sorten und Herkünften sind fast alle sehr gut gesichert (Tab. 2).
Das Keimwachstum war, da alle Sorten gleichen Vorkeimbedingungen unterlagen, nur wenig unterschiedlich. Zur Zeit der Keimuntersuchungen lag die mittlere Keimlänge der Sorten zwischen 9 mm und 13 mm. Der Keimdurchmesser schwankte ebenfalls sortenbedingt und stand weder bei Zug- noch bei Biegebeanspruchung in Beziehung zum Durchmesser der Bruchstelle. Im Mittel der Sorten beträgt der Keimdurchmesser mit 5,5 mm fast das Dreifache des Bruchdurchmessers.

Tabelle 2

Sicherungen der Zentralwerte des Biegemomentes bei Keimbruch bei Prüfung der Differenzen mit dem t-Test

Sorte und Herkunft	M_b pmm	Sorten-Nr.												
		8	6	5	12	7	9	14	4	11	13	1	2	3
Li 4987/54, Lindenhof	1690	o	+++	+++	+++	+++	+++	+++	+++	+++	+++	+++	+++	+++
Lü 54872/10, Böhlendorf	1622		+++	+++	+++	+++	+++	+++	+++	+++	+++	+++	+++	+++
Amsel, Stolpe	1211			+++	+++	+++	+++	+++	+++	+++	+++	+++	+++	+++
Amsel, Lüsewitz	1079				o	o	+++	+++	+++	+++	+++	+++	+++	+++
Li 4403/55, Lüsewitz	1067					o	o	+++	+++	+++	+++	+++	+++	+++
Lü 54872/10, Lüsewitz	1038						+++	+++	+++	+++	+++	+++	+++	+++
Li 4987/54, Lüsewitz	889							o	+++	+++	+++	+++	+++	+++
Bürs 27/54, Lüsewitz	889								+++	+++	+++	+++	+++	+++
Ada, Hohenbrünzow	782									o	o	+	+++	+++
Antares, Lüsewitz	773										o	+	++	+++
Li 4083/59, Lüsewitz	766											+	++	+++
Auriga, Lüsewitz	721												o	+++
Auriga, Gransebieth	700													+++
Ada, Lüsewitz	624													

0 ohne Sicherung
\+ mit $\alpha =$ 5% gesichert
++ mit $\alpha =$ 1% gesichert
+++ mit $\alpha =$ 0,1% gesichert

Die Beziehung zwischen Bruchkraft und Biegemoment beträgt $M_b = -625 + 2{,}31\ P_z$. Obwohl aus dem Bestimmtheitsmaß[1] $B = 0{,}726$ hervorgeht, daß zwischen beiden Meßgrößen eine gesicherte Korrelation besteht, kann die Bruchkraft nicht stellvertretend für das Biegemoment verwendet werden, da sich die Rangfolge der Sorten nicht im einzelnen entspricht. Auch die Bruch- und Biegespannungen korrelieren in der Gesamtheit aller 14 Sorten, jedoch nicht im einzelnen (Abb. 3).

Die Annahme, daß Beziehungen zwischen Keimdicke und Bruchstellendurchmesser, Bruchkraft oder Biegemoment bestehen, bestätigte sich nicht.

Eine Beziehung zwischen Keimindex L/D und Festigkeitswerten konnte ebenfalls nicht gesichert werden, obwohl bei längeren Keimen (größerer Keimindex) eine Beziehung zum Biegemoment zu vermuten wäre (Abb. 3).

Um den häufig angeführten Einfluß der Vorbehandlung zu untersuchen, wurde bei den späten Sorten eine Vergleichsvariante in Folienschläuchen im Freien aufgehängt. Am Stamm Li 4987/54 wurde die Auswirkung der „Abhärtung" geprüft. Ein Teil der vorgekeimten Kartoffeln fand eine Woche vor dem Auspflanzen in den Kisten unbedeckt im Freien Aufstellung, während die „normal" vorgekeimten Kartoffeln bis zum Pflanz- oder Untersuchungstermin im Vorkeimraum blieben. Nach Vorkeimung in Kisten und in Folienbeuteln wurde an drei von vier geprüften Sorten die gleiche Bruchlast gemessen. Nur bei einer Sorte war nach Vorkeimung in Folienbeuteln eine höhere Bruchlast zu verzeichnen. Ein bemerkenswerter Unterschied bestand zwischen „normal" in Kisten vorgekeimten und „abgehärteten" Keimen. Die Bruchlast der „abgehärteten" Keime lag um 45% höher als die der „normalen" und erreichte damit den Wert des Stammes G 2517/1.

3. Keimschäden durch Bewegung in einer Trommel

Die Untersuchung der Keimeigenschaften durch definierte Beanspruchung ist eine relativ aufwendige Methode. Ferner ist es wahrscheinlich, daß im Schöpfraum der Legemaschine, wo die Hauptkeimbeschädigungen auftreten, Beanspruchungsverhältnisse vorliegen, denen die untersuchten nur z. T. entsprechen. Es erschien daher zweckmäßig, ein Prüfgerät zu benutzen, mit dem die Beanspruchungsverhältnisse im Schöpfraum annähernd nachgebildet werden konnten. Hierzu wurde eine elektrisch angetriebene Trommel mit Innenschnecke gebaut (Abb. 4). Zur Untersuchung kamen 10×10 Knollen mit je 30 s Trommellaufzeit, an denen vor der Trommelbehandlung die Keimgesamtzahl und nach der Behandlung die beschädigten und unbeschädigten Keime gezählt wurden.

Die mehrjährigen Untersuchungen mit diesem Prüfgerät bezogen sich ebenfalls neben direkten Vergleichen auf Untersuchungen von Sorten und Vorkeimarten.

[1] nach LINDER [7]

Abb. 4: Rotierende Trommel zur Prüfung von Vorkeimsorten auf Keimschaden bei Bewegung
Trommel: Länge 500 mm, Durchmesser 200 mm, 40 U/min

Der Sorteneinfluß auf den Keimschaden konnte über mehrere Jahre signifikant nachgewiesen werden (Tab. 3). Den größten Anteil unbeschädigter Keime haben die Stämme Li 4403/55 und Li 4987/54 sowie die Sorte „Amsel“. Die höchsten Keimschäden traten bei der Sorte „Ada“ auf.
Bei parallelen Untersuchungen der Festigkeitseigenschaften und der Keimschäden in der Trommel ergaben sich keine sehr starken Korrelationen. Zwischen Keimbruch und Bruchkraft sowie Biegemoment wurde ein Bestimmtheitsmaß um $B = 0{,}30$ ermittelt. Vergleiche der Keimschäden in der Trommel mit Keimschäden beim Durchlauf durch automatische Legemaschinen erbrachten dagegen bei verschiedenen Sorten gute Übereinstimmung in der Rangfolge (Tab. 4).

Tabelle 3
Keimbruch bei Prüfung in der Trommel

Sorte	rel. Keimbruch[1]) $x_i/\bar{x}$				Sicherung Sorten-Nr.					
	1964	1965	1966	Mittel	9	5	7	11	1	3
Li 4403/55	0,26	0,29	0,36	0,30	o	+	o	+	+++	+++
Li 4987/54	0,24	0,41	0,44	0,36		o	o	o	++	+++
Amsel	0,42	0,69	0,52	0,54			o	o	++	++
Lü 54872/10	1,11	0,41	0,28	0,60				o	++	++
Antares	1,03	0,36	1,26	0,88					o	++
Auriga	1,16	0,98	0,98	1,03						++
Ada	2,78	3,86	3,14	3,23						

1964 $\bar{x}_i = 29{,}6\%$; 0 ohne Sicherung;
1965 $\bar{x}_i = 13{,}3\%$; + mit $\alpha = 5\%$ gesichert;
1966 $\bar{x}_i = 10{,}6\%$ ++ mit $\alpha = 1\%$ gesichert
+++ mit $\alpha = 0{,}1\%$ gesichert

[1]$\bar{x}$ arethmetisches Mittel einer Variante; $\bar{x}_i$ arithmetisches Mittel der Gesamtversuche

Tabelle 4

Keimbruch bei verschiedenen Sorten (1966)

Sorte	Relativer Keimbruch (Versuchsmittel = 1,0)	
	Trommel-Test	4-SaBP-62,5
Auriga	1,73	1,18
Li 4987/54	0,78	0,98
Lü 54872/10	0,50	0,85

Über den Einfluß der Vorbehandlung geben u. a. Untersuchungen mit unterschiedlichen Keimlängen Aufschluß. Der Keimschaden in der Versuchstrommel wurde — wider Erwarten — durch die Keimlänge kaum beeinflußt (Tab. 5). Dieses Ergebnis bestätigten Keimbruchmessungen beim Durchlauf durch automatische Legemaschinen. Damit sind die günstigeren Ertragsergebnisse beim

Tabelle 5

Keimbruch bei unterschiedlicher Keimlänge („Trommel-Test")

Sorte	„lange" Keime			„mittlere" Keime			„kurze" Keime		
	L mm	*D* mm	Keimbruch %	*L* mm	*D* mm	Keimbruch %	*L* mm	*D* mm	Keimbruch %
Ada	24,7	3,5	82,2	15,3	3,4	66,6	8,3	3,0	72,6
Li 4403/55	13,8	5,7	7,6	9,1	4,8	3,9	5,5	3,2	6,9

nach Durchlauf durch 4-SaBP-62,5:
Mittel aus 3 Sorten: langer Keim 32,0% Keimbruch;
mittlerer Keim 36,8% Keimbruch;
kurzer Keim 34,6% Keimbruch

Legen von Kartoffeln mit langen Keimen durch die automatischen Maschinen gegenüber solchen mit kurzen [5, 6] in erster Linie auf die von HEADFORD u. a. [4] beobachteten günstigeren Auflaufeigenschaften längerer Keime bei tiefen Temperaturen zurückzuführen.

4. Diskussion der Versuchsergebnisse

Die Keimfestigkeit, also das Verhalten bei Bruch- und Biegebeanspruchung, wurde als sorteneigenes Merkmal festgestellt, das jedoch nicht stark mit dem Anteil unbeschädigter Keime nach Durchlauf durch eine Versuchstrommel korreliert. Die Ergebnisse mit der Versuchstrommel wiesen dagegen gute Übereinstimmung mit den Keimschäden beim Durchlauf durch automatische Legemaschinen auf. Eine Keimbonitierung nach der Keimform mit besonderer Beachtung der Keimbasis ergab ebenso wie Meßwerte über äußere Keimabmessungen keine Übereinstimmung zur Empfindlichkeit für Keimbruch. Jedoch wurde an den Sorten, die den höchsten Anteil unbeschädigter Keime hatten, beobachtet, daß die Keime zu mehreren dicht an der Krone zusammenstanden. So

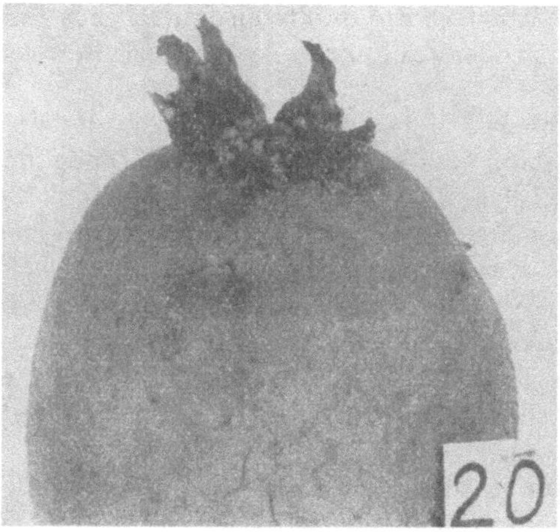

5a

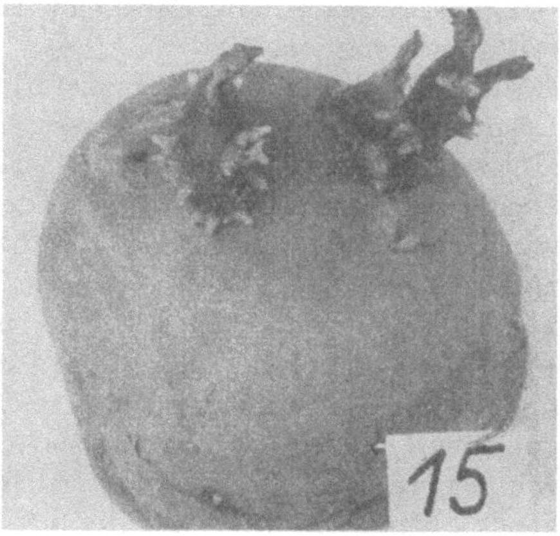

5b

5c

Abb. 5: Keimbilder einiger geprüfter Kartoffelsorten

a) Sorte „Amsel“: bei mittlerer Keimfestigkeit auf Grund von enger Keimanordnung geringer Keimschaden;

b) Stamm Lü 54872/10: bei sehr hoher Keimfestigkeit auf Grund von ungünstiger Keimanordnung mittlerer Keimschaden;

c) Sorte „Ada“: bei sehr geringer Keimfestigkeit und ungünstiger Keimanordnung sehr hoher Keimschaden

zeigte eine Einstufung nach der Keimanordnung befriedigende Übereinstimmung mit den Meßergebnissen hinsichtlich Keimbruch (Abb. 5a···c).

Für die Beurteilung einer Vorkeimsorte im Hinblick auf die Eignung zum vollautomatischen Legen genügen nicht die bei definierten Beanspruchungen wie Zug oder Biegung gewonnenen Kennwerte, die Aussagen über die Gewebefestigkeit geben. Sie werden von morphologischen Eigenschaften überdeckt.

Keime, die mit möglichst großer Zahl in einer Gruppe zusammenstehen, haben nach mechanischen Beanspruchungen geringere Keimschäden als einzeln ste-

hende. Eine für selbsttätiges Legen geeignete Sorte müßte also die Eigenschaften günstige Anordnung der Keime bei großer Zahl je Knolle mit guter Gewebefestigkeit vereinen.
Diese von der Züchtung her beeinflußbaren Merkmale können durch die Vorkeimmaßnahmen unterstützt werden, die im Hinblick auf Verstärkung des Holzanteiles im Gefäßbündel wirken.
Die gute Qualität, die in der Praxis den Keimen aus Folienbeuteln zugeschrieben wird, dürfte auf günstige Lichtverhältnisse während der Vorkeimung zurückzuführen sein, da bei unter gleichen Bedingungen in Kisten und Folienbeuteln vorgekeimten Kartoffeln kein Unterschied in der Keimfestigkeit bestand.
Auch bei der durch „Abhärtung" in einfacher Weise erreichten starken Erhöhung der Keimbruchfestigkeit spielt sicher die gute Belichtung der im Freien aufgestellten Kisten eine Rolle.
Die festgestellten größeren Unterschiede im Keimbruch zwischen den verschiedenen Sorten und die geringeren bei unterschiedlichen Keimlängen (Messungen von 1964) entsprechen den Beobachtungen von EHRENDORFER [2], daß sich mit dem Alter die prozentuale Zusammensetzung des Gefäßbündelringes, der die Festigkeitselemente des Keimes enthält, nur wenig ändere. In der Zusammensetzung von Bast- und Holzteilen beständen jedoch Sortenunterschiede.

5. Folgerungen

Aus den dargestellten Versuchsergebnissen lassen sich u. a. Vorschläge für die Kennzeichnung der Keimeigenschaften sowohl bei landtechnischen Prüfungen als auch bei der Kartoffelzüchtung ableiten.

5.1. Prüfverfahren auf Keimbruch-Verhalten

Auf Grund der guten Übereinstimmung mit den Beanspruchungen beim Durchlauf durch automatische Legemaschinen dürfte der „Trommel-Test" zur Kennzeichnung des Keimbruch-Verhaltens vorgekeimter Kartoffeln für praktische Belange am besten geeignet sein. Der geringe apparative Aufwand und die vertretbaren Arbeitsaufwendungen (30···45 AKmin je Variante) sowie einfache Auswertung sprechen ebenfalls für diese Verfahren. Für eine breitere Anwendung sind einheitliche Trommeldaten (einschl. Einbauten) und einheitliche Versuchsdurchführung erforderlich.
Bei der Beurteilung der Keimschäden sind Keimbruch und beschädigte Keime gleichermaßen zu erfassen, da beide — zumindest bei Frühernte — gleichstark den Ertrag beeinflussen, wie weitere Untersuchungen mit systematischen Keimbeschädigungen zeigten (Abb. 6). Dieser Umstand ist auch bei der Aufstellung agrotechnischer Forderungen und bei Maschinenprüfungen zu berücksichtigen.

5.2. Merkmale für die Züchtung von Vorkeimsorten zum maschinellen Legen

Für die Empfindlichkeit der Keime gegen Abbrechen sind innere Gewebeeigenschaften, die die Keimfestigkeit beeinflussen, und die äußere Anordnung der Keime auf der Knolle verantwortlich. Im Hinblick auf die Ertragsfähigkeit ist

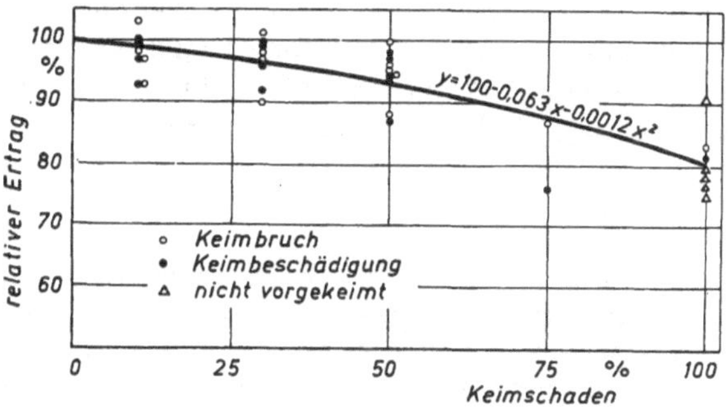

Abb. 6: Relativertrag von Frühkartoffeln bei Früherente in Abhängigkeit vom Keimschaden (5 Versuche, 1964 bis 1966, Ernte 90···95 Tage nach dem Pflanzen)

außerdem besonders beim vollautomatischen Legen die Keimzahl je Knolle von Bedeutung, da trotz Verbesserungen der Maschinen ein gewisser Anteil Keimschaden unvermeidbar bleiben wird.

Eine zum maschinellen Legen geeignete Vorkeimsorte sollte daher, um den mechanischen Beanspruchungen gerecht zu werden, gute Festigkeitseigenschaften und enge Anordnung der Keime am Kronenende mit großer Keimzahl je Knolle vereinen.

Daneben scheinen die einzelnen Sorten unterschiedlich in der Lage zu sein, Keimschäden innerhalb der Vegetationszeit auszugleichen.

Aus diesen Überlegungen können für die Auswahl zum maschinellen Legen im vorgekeimten Zustand geeigneter Sorten folgende Untersuchungsverfahren vorgeschlagen werden:

1. Bestimmung der Keimzahl und Keimanordnung am Kronenende;
2. „Trommel-Test" mit definierten Bedingungen (Trommelausführung und Behandlungszeit);
3. Ertragsversuche mit verschiedenen Erntezeitpunkten bei systematischen Beschädigungen (0%, 25%, 50%) und gleicher Keimlänge.

Außerdem sollten Untersuchungen über die anatomischen Eigenschaften von Kartoffelkeimen in Abhängigkeit von der Sorte und der Eignung für maschinelles Legen durchgeführt werden, um geeignete Kreuzungspartner auswählen zu können und frühzeitig Selektionsmöglichkeiten zu erhalten.

6. Zusammenfassung

Vergleichende Untersuchungen mit verschiedenen Verfahren zur Beurteilung der Keimeigenschaften von Kartoffeln für maschinelles Legen ließen den „Trommel-Test" als geeignetes Verfahren erscheinen. Es bestehen sortenabhängige Unterschiede in der Keimfestigkeit. Die Keimanordnung hat wesentliche Bedeutung für den in der Maschine auftretenden Keimbruch. Von den Vorbehandlungsvarianten war nur bei „Abhärtung“ eine Verbesserung der Keimeigenschaften festzustellen. Keimbruch und Keimbeschädigung haben gleiche Wirkung auf den Ertrag, wie bei Frühernte festgestellt wurde.

Резюме

В сравнительных исследованиях, проведенных различными методами для оценки свойств проростков клубней картофеля при механизированной посадке было установлено, что „барабанный тест“ является пригодным методом. По прочности проростков клубней имеются сортовые различия. Расположение проростков играет при обломе проростков в картофелепосадочной машине существенную роль. Среди вариантов предварительной обработки лишь вариант „закаливание“ проявлял некоторое улучшение свойств проростков. При ранней уборке облом и повреждение проростков оказывают одинаковое влияние на урожай.

Summary

Comparison investigations with several methods for assessment of the properties of potato sprouts for mechanical planting have revealed the „drum test“ to be a suitable procedure. Variety-dependent differences exist with regard to the stability of sprouts. The arrangement of sprouts on the tuber plays a great part in the sprout break occurring in the machine. From among the pre-treated variants „hardening“ was the only one to reveal a certain improvement of sprout properties. Sprout break and sprout injury have equal effects on the yield in case of early harvesting.

Literatur

[1] BAGANZ, K.: Konventionelle Kartoffelernteverfahren und Staudenziehroden. Habil.-Schr., Univ. Berlin, 1966

[2] EHRENDORFER, K.: Vergleichende Untersuchungen an Kartoffelkeimen unter besonderer Berücksichtigung der morphologischen und anatomischen Verhältnisse. Diss. Hochschule f. Bodenkultur, Wien, 1952

[3] GLUCHICH, J. A.: (Untersuchungen über den mechanisierten Anbau von Kartoffeln und die mechanisierte Kartoffelernte). In: Rezul'taty issledovanij po mechanizsacii kartofelovodstva, Moskva, 1960, S. 26···38

[4] HEADFORD, DW. .; SADLER, R. E.; MILTHORPE, F. L.: Some Aspects of Sprout Growth between Planting and Emergence. Proceedings of the 2nd triennal Conference of the EAPR, 1963, Pisa

[5] KRUG, H.; PÄTZOLD, CHR.: Einfluß von Licht, Temperatur und relativer Luftfeuchtigkeit während des Vorkeimens von Kartoffelpflanzgut auf Keimwachstum und Pflanzenentwicklung. Proceedings of the 3nd triennal Conference of the EAPR, 1966, Zürich

[6] KUNATH, L.: Maschinelles Kartoffellegen. Dt. Agrartechn. 16 (1966), S. 116 bis 118

[7] LINDER, A.: Statistische Methoden. Birkhäuser Verlag Basel und Stuttgart, 1960, S. 171···173

Arch. f. Landtechnik · Bd. 7 · 1968 · S. 49—60 · Berlin

Aus dem Institut für Mechanisierung der Landwirtschaft
Potsdam-Bornim der Deutschen Akademie der Landwirtschaftswissenschaften zu Berlin

WERNER MALTRY

Beitrag zur Entwicklung eines Belüftungssilos für Getreide

Eingegangen: 12. Juni 1967

1. Problemstellung

Zur weiteren Verbesserung der Getreide-Trocknungs- und Lagerungstechnik in den landwirtschaftlichen Betrieben der DDR waren Silos zu entwickeln (Abb. 1), die gegenüber der bisherigen Technik u. a. folgende Veränderungen aufweisen sollten:

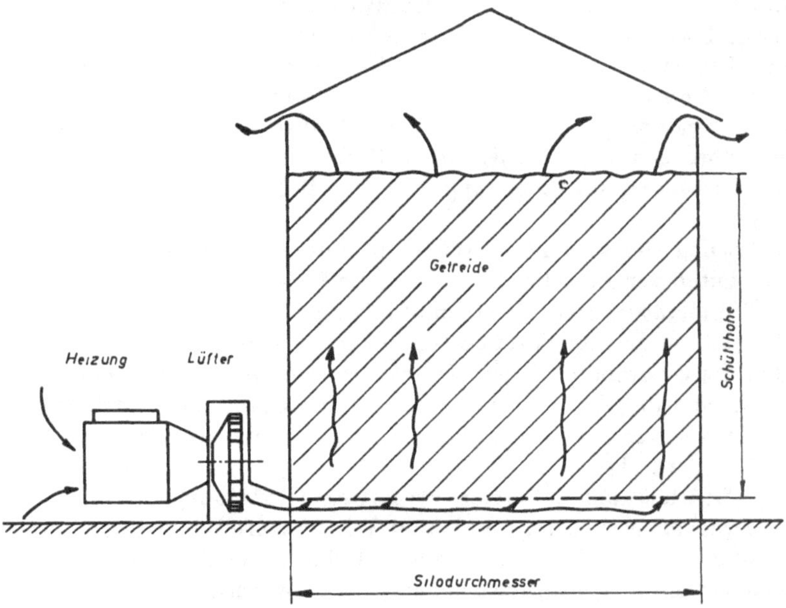

Abb. 1: Belüftungssilo Typ K 867 (schematisch)

1. Einmaliges Einlagern ohne Umlagern;
2. Trocknen ohne Umlagern und ohne Schädigungen;
3. Fortfall eines zusätzlichen Gebäudes;
4. Verminderung der Kosten durch größeres Fassungsvermögen als beim Zentralrohrsilo.

Im Rahmen der durch den VEB Petkus Landmaschinenwerk Wutha durchgeführten Entwicklung wurde durch das Institut für Mechanisierung der Landwirtschaft Potsdam-Bornim die trocknungstechnische Vorausberechnung und die Erprobung der Funktions- und Fertigungsmuster vorgenommen. Bei der Festlegung der trocknungs- und belüftungstechnischen Parameter mußten folgende Einflußgrößen berücksichtigt werden:
Silodurchmesser, Füllhöhe, Gutart, Anfangswassergehalt, Lüftertyp und -größe und Klimawerte. Aus diesen Größen ergibt sich zwangsläufig die Trocknungsdauer, die einen zulässigen Wert nicht überschreiten darf. Die Problematik besteht vor allem darin, daß bei den geforderten hohen Schütthöhen einerseits die Trocknung innerhalb der zulässigen Zeit abgeschlossen sein muß, andererseits das Getreide nicht unter die gewünschte Endfeuchte gebracht werden darf, wobei sich die Aufwendungen an Lüftenergie und elektrischer Heizenergie in angemessenen wirtschaftlichen Grenzen halten müssen.

2. Lösungsweg

Das einzige wirtschaftlich vertretbare Trocknungsverfahren, das die gestellten Forderungen erfüllen kann, ist die Belüftungstrocknung mittels Luft, die im Durchschnitt der Betriebszeit im hygroskopischen Gleichgewicht mit dem Getreide der gewünschten Endfeuchtigkeit steht. Hierzu ist es erforderlich, die Luft anzuwärmen.
Zur Verminderung der elektrischen Anschlußwerte für Lüfter und Heizung muß ununterbrochen Tag und Nacht belüftet werden, um bei möglichst niedrigen Lüfterleistungen die Trocknung noch vor Beginn des Verderbs abschließen zu können.
Zur Lösung der gestellten Aufgaben werden die bereits bekannten Gesetzmäßigkeiten der Einzelprobleme, wie die Zusammenhänge zwischen

1. Temperatur, Feuchtegrad und relativer Feuchte der Luft;
2. relativer Luftfeuchte und Gutsfeuchte (Sorptionskurve);
3. Luftgeschwindigkeit und Druckverlust in der Getreideschüttung;
4. Wanderung der Trocknungszone, Luftzustand und Gutsfeuchte;
5. Gutsfeuchte, Gutstemperatur, Luftmenge und Zeit bis zum Beginn des Verderbs;
6. Luftdruck und Luftstrom des Lüfters (Kennlinie);
7. Drucksteigerung im Lüfter und Temperaturerhöhung der Luft

dergestalt miteinander verknüpft, daß im Ergebnis über die Eignung verschiedener Lüftertypen, die notwendigen Heizleistungen und die Zeit bis zum Abschluß der Trocknung quantitative Angaben gemacht werden können.

3. Ergebnisse

3.1. Theoretische Berechnungen

3.1.1. Klima und mittlerer Zustand der atmosphärischen Luft

Als repräsentativ für die Getreideanbaugebiete der DDR werden die langjährigen Mittelwerte der Wetterdienststelle Potsdam herangezogen (Tab. 1).

Tabelle 1

Mittlere Klimawerte (Potsdam) 1893···1930 [6]

		August	September
Temperatur	°C	17,1	13,8
rel. Feuchte	%	75	79

Bei der ununterbrochenen Belüftung einer hohen Getreideschüttung ist es berechtigt anzunehmen, daß die Tagesschwankungen bereits von den ersten Getreidepartien ausgeglichen werden, so daß für das übrige Getreide nur mehr der o. a. mittlere Zustand der eingeblasenen Luft für den Trocknungsverlauf maßgebend ist.

3.1.2. Zulässige Dauer bis zum Abschluß der Trocknung

Die Keimfähigkeit feuchten Getreides erleidet nach einiger Zeit Schaden. Diese Zeit ist von der Gutsfeuchte, der Temperatur und von der Stärke der Belüftung abhängig [1].
Gutsfeuchten von 14% (Feuchtbasis) oder weniger machen das Getreide unbegrenzt haltbar. Bei Gutsfeuchten von 26% (Temperatur 20 °C, keine Belüftung) sind bereits nach 3 Tagen Schäden zu erwarten.
Die Temperatur beeinflußt die zulässige Zeit bis zur Trocknung sehr stark; je höher die Temperatur ist, umso rascher verdirbt das feuchte Getreide.
Die Stärke der Belüftung beeinflußt ebenfalls sehr stark die zulässige Zeit bis zur Trocknung. Entsprechend den aus der Literatur [5] entnommenen Zusammenhängen ist im ununterbrochen belüfteten Silo in unserem Klima 30 Tage nach der Ernte mit dem Beginn des Verderbs zu rechnen, falls bis dahin das Gut nicht trocken geworden ist. Aus Sicherheitsgründen sollten jedoch für die Auslegung des Silos nur 20 Tage zugelassen werden.

3.1.3. Feuchtigkeitsgleichgewicht

In den Berechnungen wird eine Sorptionskurve verwendet, deren Einzelpunkte aus Messungen im IML Potsdam-Bornim stammen (Abb. 2). Die geringfügige Abhängigkeit der Sorptionskurven von der Temperatur wird bei den Berechnungen nicht berücksichtigt.

3.1.4. Wanderung der Trocknungszone durch die Schüttung

Nach der Anlaufzeit lassen sich in der Schüttung drei verschiedene Zonen unterscheiden [3, 5].

1. die Zone bereits getrockneten Getreides, das mit der einströmenden Luft im Gleichgewicht steht;
2. die eigentliche Trocknungszone, in der das Getreide Feuchtigkeit an die Luft abgibt;
3. die Zone noch feuchten Getreides, mit dem die mit Waser beladene Luft im Gleichgewicht steht.

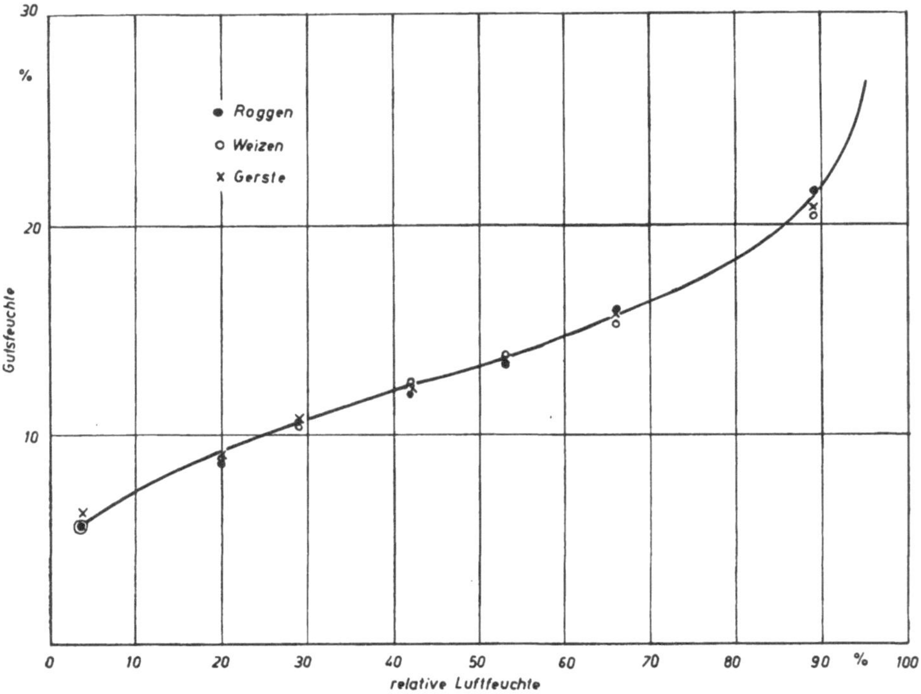

Abb. 2: Sorptionsisotherme für Getreide bei 20 °C (nach KRUSE)
Mittlere Kurve für Roggen, Weizen und Gerste

Die Wanderungsgeschwindigkeit der Trocknungszone läßt sich aus den jeweiligen Gleichgewichtszuständen zwischen Luft und Gut vor und nach der Trocknung eindeutig ermitteln, wobei auch die Luftmenge, die Schüttdichte und der Silodurchmesser eine Rolle spielen [2, 3].

3.1.5. Zustandsänderungen der Luft

Im Mollier-i,x-Diagramm lassen sich die Zustandsänderungen der Luft übersichtlich darstellen (Abb. 3).

Die atmosphärische Luft vom Zustand 1 wird zunächst durch die elektrische Heizeinrichtung ohne Änderung ihres Wassergehaltes auf Zustand 2 erwärmt. Durch die Kompression und die Verwirbelung im Lüfter entsteht eine weitere Erwärmung, für die angenähert gilt[1]):

$$\Delta t_L = \frac{P_{stat} \cdot A}{\varrho_L \cdot c_{PL} \cdot \eta_{stat}} \tag{1}$$

Δt_L	grd	Temperaturerhöhung im Lüfter;
P_{stat}	mm WS	Erhöhung an statischem Druck im Lüfter;
$A = 1/427$	kcal/kpm	mechanisches Wärmeäquivalent;
c_{PL}	kcal/kg grd	spez. Wärme der Luft bei konstantem Druck;
η_{stat}	–	Lüfterwirkungsgrad, bezogen auf stat. Druck;
ϱ_L	kg/m³	Dichte der Luft

[1] Bei exakter Berechnung müßten die Formeln der adiabaten Kompression und die Verschiebung der φ-Linien im i,x-Diagramm mit dem Druck berücksichtigt werden.

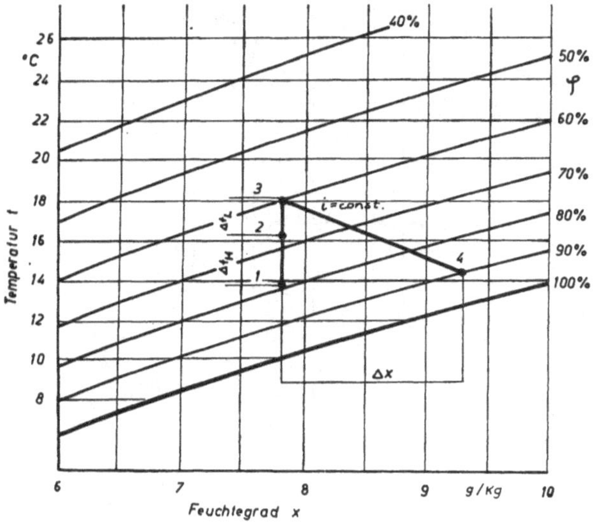

Abb. 3: Belüftungstrocknung mittels erwärmter Luft, dargestellt im Mollier-i,x-Diagramm für feuchte Luft

1 atmosphärische Luft; 1—2 Erwärmung der Luft in der Heizung; 2—3 Erwärmung der Luft im Lüfter; 3—4 Zustandsänderung der Luft in der Schüttung; 4 Abluftzustand; Δt_H Temperatursteigerung in der Heizung; Δ_L Temperatursteigerung im Lüfter; Δx Wasseraufnahme der Luft

Bei $\eta_{stat} = 0{,}5$ sind für 100 mm WS statischen Druck bereits 1,6 grd Temperaturerhöhung im Lüfter zu berücksichtigen (Punkt 3 in Abb. 3). Die Zusatzheizung soll dabei einen solchen Umfang haben, daß Punkt 3 diejenige relative Feuchte φ erreicht, die mit der gewünschten Endfeuchte des getrockneten Gutes im Gleichgewicht steht.

Für die Zustandsänderung der Luft in der Trocknungszone wird entsprechend eigenen früheren Untersuchungen [2] konstante Enthalpie $i = \text{const}$ angenommen. Der Endpunkt 4 entspricht einer relativen Luftfeuchtigkeit, die über die Sorptionsisotherme (Abb. 2) des Getreides mit der Feuchte des Feuchtgutes zusammenhängt. Die Differenz $\Delta x = x_4 - x_1$ entspricht der Wasseraufnahme je 1 kg reiner Luft.

3.1.6. Luftgeschwindigkeit, Schütthöhe und Druckverlust

Für die Beschreibung des Zusammenhanges zwischen diesen drei Größen wurde folgende gegenüber [4] vereinfachte Gebrauchsformel aufgestellt:

$$\Delta P = K \cdot h \cdot w^{1,43} \,. \tag{2}$$

ΔP	mm WS	Druckverlust in der Schüttung;
h	m	Schütthöhe;
w	m/s	Luftgeschwindigkeit im leer angenommenen Silo;
K		Stoffbeiwert.

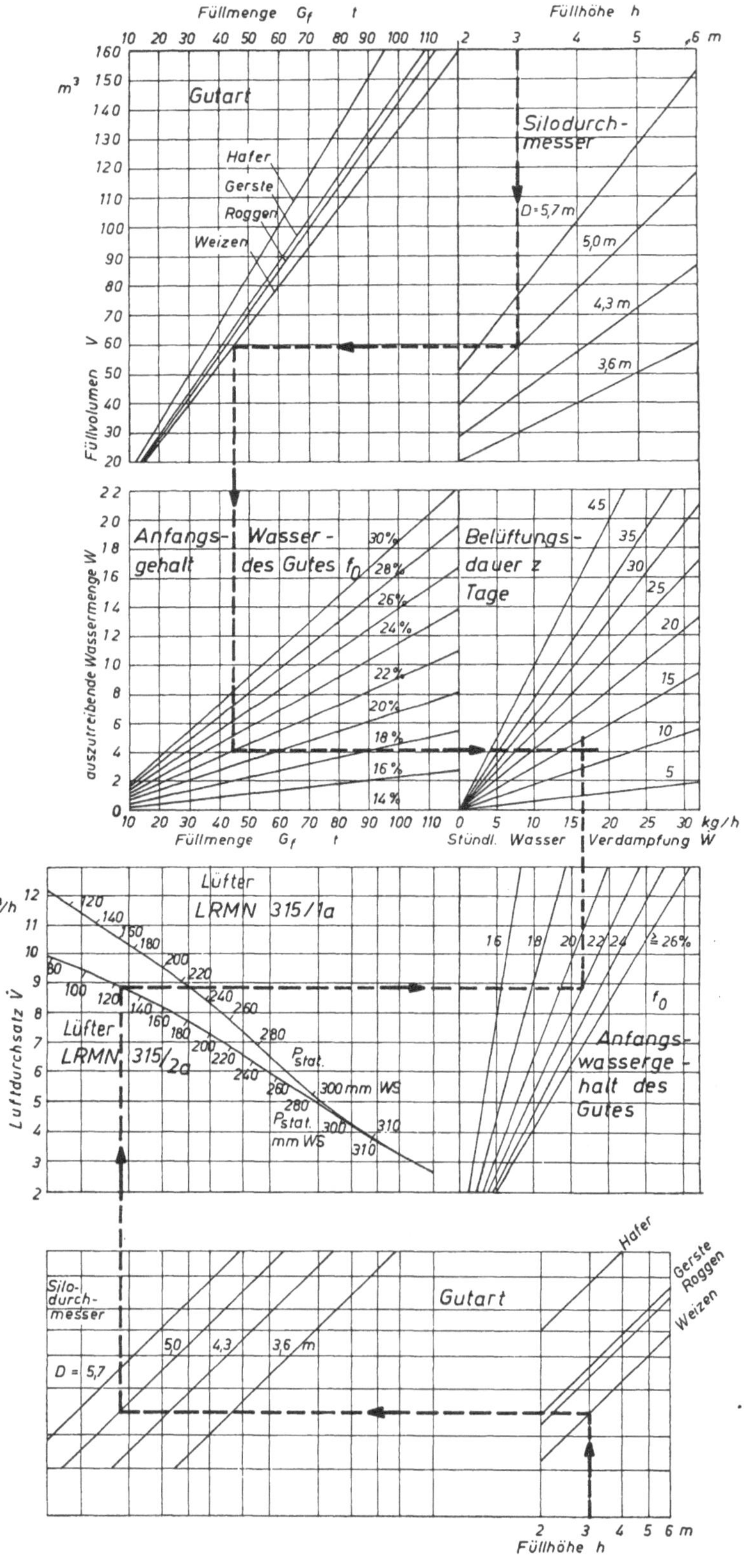

Abb. 4
Unterschrift nebenstehend

Für den Stoffbeiwert K gelten in Übereinstimmung mit eigenen Erprobungswerten für die verschiedenen Gutarten folgende Zahlenwerte:

Tabelle 2

Stoffbeiwert K für verschiedene Getreidearten

	Mähdruschware	gereinigte Ware
Weizen	1100	800
Roggen	1500	1100
Gerste	1650	1200
Hafer	(nicht im Silo belüften)	2500

3.1.7. Arbeitspunkt des Lüfters

Bei den Berechnungen wurde angenommen, daß der statische Druck des Lüfters gleich dem Druckverlust in der Schüttung ist. Als Arbeitspunkte ergeben sich dann jeweils die Schnittpunkte zwischen Lüfterkennlinie $P_{stat} = f(\dot{V})$ und Widerstandskennlinie des Silos $\Delta P = f(\dot{V})$. Die Kennlinien für den stat. Druck wurden aus den von der Industrie zur Verfügung gestellten Kennlinie $P_{ges} = f(\dot{V})$ errechnet [7].

3.1.8. Belüftungsdauer

Die unter 3.1.1. bis 3.1.7. beschriebenen Zusammenhänge lassen sich in einem Nomogramm zusammenfassen (Abb. 4), dessen Gebrauch im folgenden erläutert wird.

Man beginnt im rechten oberen Teildiagramm mit der Füllhöhe (z. B. 3 m) und ermittelt über den Silodurchmesser (z. B. 5,0 m) das Füllvolumen (Ordinate der oberen Diagramme, für das Beispiel 59 m³). Die Schüttdichte der Gutarten (z. B. Weizen) führt zur Füllmenge (für das Beispiel 44 t); der Anfangswassergehalt des feuchten Gutes (z. B. 22%) schließlich legt die auszutreibende Wassermenge (im Beispiel 4,1 t) fest.

Im rechten unteren Diagramm beginnt ein zweiter Nomogramm-Kurvenzug. Durch Füllhöhe und Gutart wird das Druckverlustverhalten der Schüttung entsprechend Gl. (2) charakterisiert.

Der Silodurchmesser (unteres linkes Diagramm) stellt in Verbindung mit den Kennlinien der Lüfter (darüberliegendes Diagramm) den Zusammenhang mit

Abb. 4: Nomogramm zur Ermittlung der Belüftungsdauer

Annahmen: $\varphi_L = 60\%$ (automatische Regelung der Zusatzheizung)
vorgereinigte Ware
Mittl. Klimawerte für September (Potsdam) [6]

Beispiel: $h = 3$ m; $D = 5$ m; Weizen; $f_0 = 22\%$
Lüfter LRMN 315/2a
ergibt: $z = 13$ Tage

Nähere Angaben im Text.

dem Luftstrom $\dot{V}$ her (Ordinate, für das Beispiel $8{,}9 \cdot 10^3$ m³/h). Der Anfangswassergehalt des feuchten Gutes bestimmt die relative Feuchte der Abluft und damit schließlich das Wasseraufnahmevermögen der durchströmenden Luft. Aus der somit gewonnenen stündlichen Wasseraufnahme der Luft (für das Beispiel 16,5 kg/h) und der bereits vorher ermittelten auszutreibenden Wassermenge ergibt sich als Schnittpunkt im Diagramm die erforderliche Trocknungsdauer (für das Beispiel 13 Tage). Bei der als Parameterschar eingetragenen Trocknungsdauer sind bereits 60 h Zuschlag für den Auslauf der Trocknungszone aus der Schüttung berücksichtigt.

Bei der Aufstellung des Nomogramms wurden die mittl. Klimadaten von Potsdam für September und eine selbsttätige Regelung der rel. Feuchte der Zuluft auf $\varphi = 60\%$ vorausgesetzt.

3.2. Erprobung der Belüftungssilos in der Praxis

Durch den VEB Petkus Wutha wurden nach den unter 3.1. beschriebenen und anderen trocknungstechnischen Berechnungen 1965 zwei Funktionsmuster hergestellt und – aufbauend auf den dabei gewonnenen Erfahrungen – 1966 Fertigungsmuster errichtet, deren trocknungstechnische Erprobung durch das IML Potsdam-Bornim vorgenommen wurde.

Die Silos der Fertigungsmustererprobung in Töttelstedt 1966 haben 5,7 m Durchmesser und 5 m maximale Füllhöhe. Sie sind mit Lüftern LRMN 315/1a und 18-kW-Zusatzheizungen ausgerüstet. Die Zuschaltung der einzelnen Heizstufen erfolgt automatisch. Es wurden insgesamt 3 Füllungen in die Erprobung einbezogen. Es gelang nicht, die Silos mit Gut annähernd gleicher Feuchte zu füllen.

Von den zahlreichen bei der Erprobung gewonnenen Ergebnissen wird im folgenden (Abb. 5a···c) der Verlauf der Gutsfeuchte in verschiedenen Höhen (ermittelt durch Probenahme und gravimetrische Feuchtebestimmung, 130 °C, 3 h, vorgetrocknete Luft) mit der unter 3.1.8 wiedergegebenen Berechnung verglichen (Tab. 3).

Tabelle 3

Erprobungswerte Töttelstädt 1966

Silo	Füllung Nr.	mittl. Gutsfeuchte		Füllhöhe	Gutart	Trocknungsdauer	
		feucht	trocken			berechnet	tatsächlich*
		%	%	m	–	Tage	Tage
1	1	16,2	14,2	4,2	Weizen	14···15	rd. 14 Tage
2	1	15,7	13,8	3,0	Weizen	10···11	rd. 12 Tage
1	2	22,8	14,2	5,0	Hafer/ Gerste	21···22	rd. 20 Tage

* nach Abb. 5a···c

Es ist somit im Rahmen der erforderlichen Genauigkeit eine recht gute Übereinstimmung zwischen den kalkulierten und tatsächlichen Zeiten zwischen Belüftungsbeginn und Abschluß der Trocknung feststellbar.

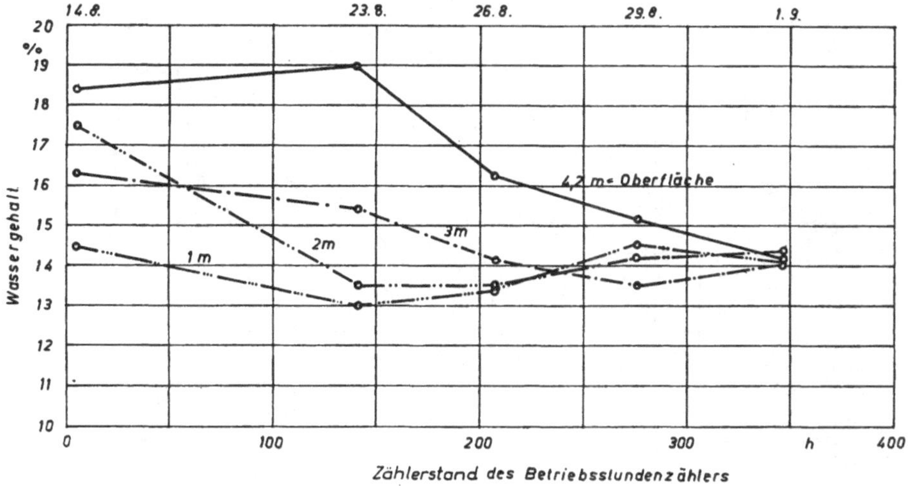

Abb. 5a: Verlauf des Wassergehaltes in verschiedenen Höhen (Erprobung Töttelstädt 1966)

Silo 1, Füllung Nr. 1, Weizen, Füllhöhe 4,20 m

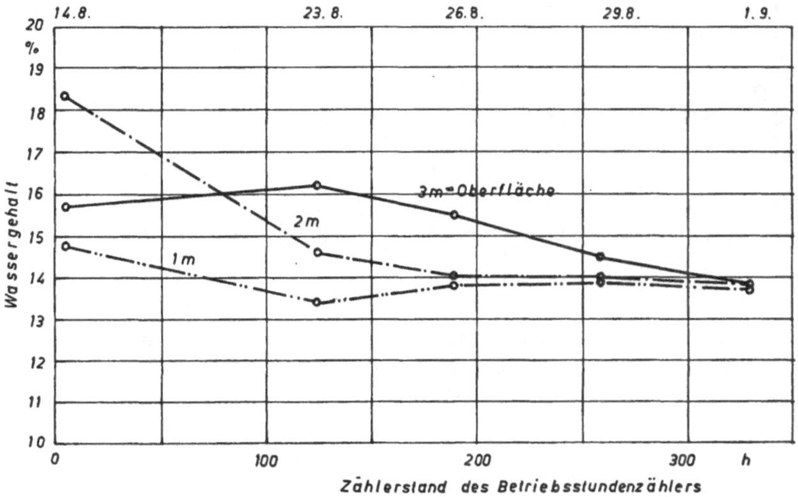

Abb. 5b:

Silo 2, Füllung Nr. 1, Weizen, Füllhöhe 3,0 m

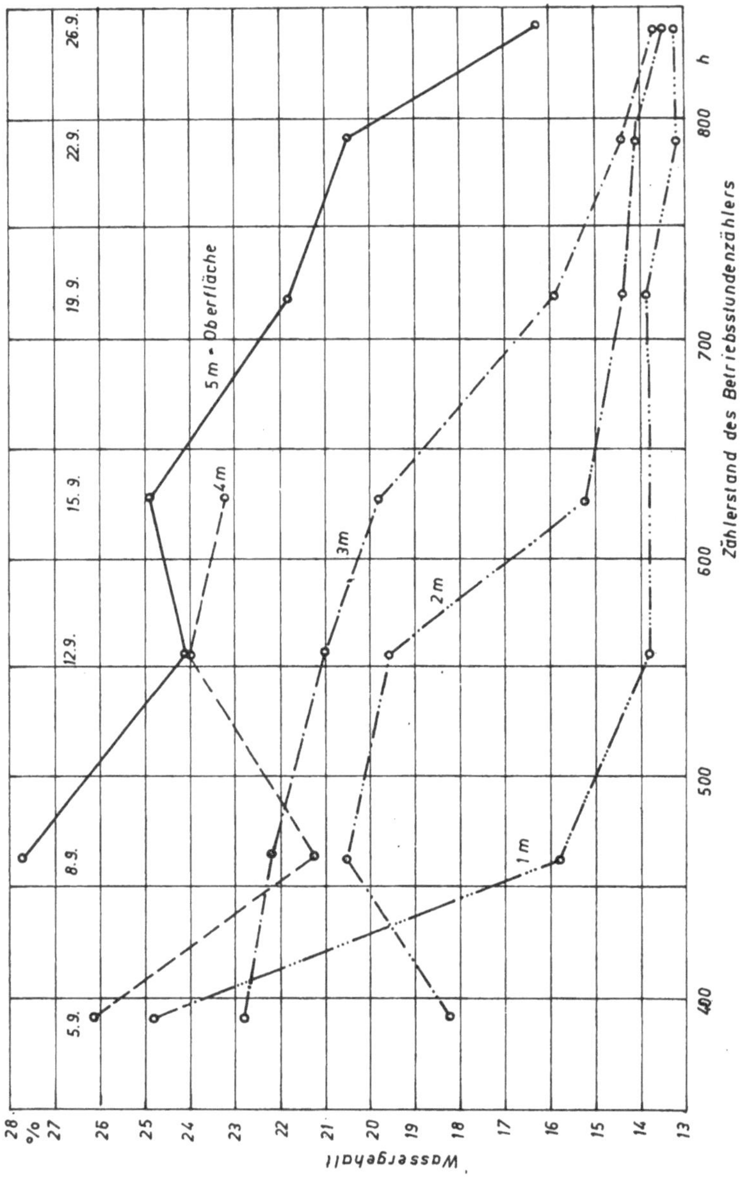

Abb. 5c:
Silo 1, Füllung Nr. 2, Hafer/Gerste, Füllhöhe 5 m

Obwohl das Feuchtgut einen Vorreiniger durchlaufen hatte, entsprachen die Werte des Druckverlustes nicht den berechneten Werten für vorgereinigtes Gut. Vor allem durch ungenügende Reinigung wurden nahezu die K-Werte von Mähdruschware (Gl. 2) erreicht. Bei der Ermittlung der Trocknungsdauer im Nomogramm (Abb. 4) kann dieses Verhalten im rechten unteren Diagramm berücksichtigt werden, indem statt der Kurve für gereinigten Weizen ($K = 800$) diejenige für gereinigten Roggen ($K = 1100$) verwendet wird. Das Hafer-Gerste-Gemenge (Ermittelt: $K = 2070$) kann durch eine mittlere Linie zwischen den Werten für gereinigte Gerste ($K = 1200$) und gereinigten Hafer ($K = 2500$) mit genügender Genauigkeit charakterisiert werden.

4. Einschätzung der Ergebnisse

Die Erprobung der Fertigungsmuster hat eine ausreichende Übereinstimmung zwischen den berechneten und den tatsächlichen trocknungstechnischen Betriebsdaten der Belüftungssilos erbracht. Die recht kurze Entwicklungszeit von weniger als 2 Jahren zwischen Arbeitsbeginn und Abschluß der Fertigungsmustererprobung war vor allem dadurch möglich, daß die Grundlagen für das trocknungs- und belüftungstechnische Verhalten von Getreide bekannt waren. Mit Hilfe dieser Grundlagen war die Realisierung der bislang nicht üblichen großen Schütthöhen bei Belüftung bis zu 5 m im wesentlichen ein rechnerisches Problem.

5. Zusammenfassung

Aus den Arbeiten zur Entwicklung von Belüftungssilos mit großen Schütthöhen zur Trocknung und Lagerung von Getreide wurden die trocknungs- und belüftungstechnischen Größen behandelt, die Einfluß auf die Dauer bis zum Abschluß der Trocknung haben. Zur Ermittlung der Trocknungsdauer wurde ein Nomogramm entwickelt. Bei der trocknungstechnischen Erprobung der Fertigungsmuster konnte Übereinstimmung zwischen den berechneten und den tatsächlichen Zeiten bis zum Abschluß der Trocknung festgestellt werden.

Резюме

Рассматриваются величины сушки и вентиляции, установленные в исследованиях по разработке вентилируемых силосов со значительной высотой засыпки зерна, которые влияют на продолжительность сушки. Разработана номограмма для определения длительности сушки. При испытании моделей отмечалось совпадение между исчисленными и фактическими сроками до окончания сушки.

Summary

Those values of drying and ventilation technology that influence the period elapsing till the end of the drying process were dealt with from among the work carried out to develop ventilated silos with large bulk height for grain drying and storage. A nomogram was developed to determine the duration of drying. When testing the production models for their drying technology, we found a certain agreement between the calculated and the actual periods elapsing till the end of the drying process.

Literatur

[1] BEWER, H. E.: Getreidekonservierung mit kalter Nachtluft. Berichte über Landtechnik Nr. 47. Verlag Hellmut Neureuter, München 1957, S. 16ff.

[2] MALTRY, W.: Die thermodynamische Erklärung der Vorgänge bei der Silotrocknung von Getreide. Archiv für Landtechnik 1 (1959), S. 80 u. 81

[3] MALTRY, W.: Einige Trocknungsversuche an Weizen. Archiv für Landtechnik 3 (1961/1962) S. 152 u. 157

[4] MATTHIES, H. J.: Der Strömungswiderstand beim Belüften landwirtschaftlicher Erntegüter. VDI-Forschungsheft 454, Düsseldorf 1956, S. 22

[5] WENNER, H. L.: Die Voraussetzungen für die Lagerung und Belüftung von feucht geerntetem Getreide. Berichte über Landtechnik Nr. 45, Verlag Hellmut Neureuter, München 1955, S. 23 u. 43

[6] —: Klimakunde des Deutschen Reiches, Band 2. Bearb. v. Reichsamt für Wetterdienst. Verlag Dietrich Reimer, Berlin 1939

[7] —: Kreisellüfter radial, einseitig saugend, Baureihe LRMN 160—630 mm Ansaug-Durchmesser. VEB Turbowerke Meißen 1965

Arch. f. Landtechnik · Bd. 7 · 1968 · H. 1 · S. 61–72 · Berlin

Aus dem Institut für Mechanisierung der Landwirtschaft Potsdam-Bornim
der Deutschen Akademie der Landwirtschaftswissenschaften zu Berlin

MANFRED MÜLLER

Untersuchungen zur Dosierung von Gär- und Grünfutter mittels Fräseinrichtungen

Eingegangen: 10. Juni 1967

1. Aufgabe

Dosierer für Gär- und Grünfutter sind unentbehrliche Maschinen mechanisierter Arbeitsverfahren der Erntebergung und der Fütterung. Sie werden für die Zuteilentleerung in stationäre Fütterungseinrichtungen, in Fördergebläse und in andere Förderer eingesetzt. Für mobile Dosierer erweitert sich das Einsatzgebiet auf das Verteilen von Futter in Ställen und Gärfutter-Flachbehältern. Insbesondere bei der Rinderfütterung sind verschiedenartige Grundfuttermittel, unterschiedlich zerkleinert, zu dosieren. Den größten Anteil am gesamten Grundfutter-Angebot nehmen auch zukünftig Gärfutter und Grünfutter ein (Abb. 1).

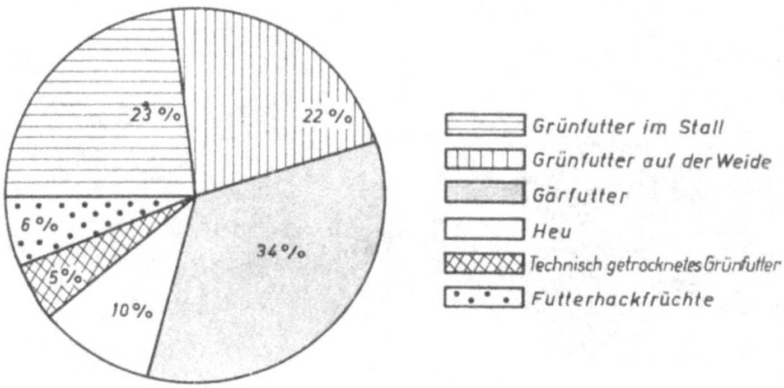

Abb. 1: Voraussichtlicher Anteil der Grundfutterarten am zukünftigen Futterangebot für die Rinderfütterung (Futtertrockenmasse)

Grundfutter für Rinder wird vorwiegend aus technologischen Gründen zerkleinert. Aus dem Bereich der Tierernährung läßt sich meistens kein höherer Nutzeffekt durch kurzes Häckseln nachweisen. Deshalb sollte das Futter bis zu den Längen zerkleinert werden, die sich durch technologische Vorteile begründen lassen, vorausgesetzt, die Futterverluste steigen nicht an und die Futteraufnahme der Tiere wird nicht beeinträchtigt. Beim Grünfutter wird z. Z. unzerkleinertem oder lang gehäckseltem Grüngut der Vorzug gegeben, um die Eigenerwärmung des Futters bei der Zwischenlagerung auf Aufhängern oder in Futterhäusern möglichst gering zu halten.

Dosierer erfüllen im technologischen Ablauf die Funktionen von Zwischenlagerbehältern, Transportfahrzeugen und Arbeitsmaschinen. Den Dosierwerkzeugen ist besondere Beachtung zu schenken: Sie haben den höchsten Anteil am Gesamtleistungsbedarf des Dosierers, beeinflussen den möglichen Durchsatz und stellen bestimmte Anforderungen an die Zerkleinerung des Futters.

Die Auswirkungen hoher Dosiergenauigkeit bei der Grundfutter-Verteilung an Rinder werden häufig überbewertet. Es ist zweckmäßiger, ein ausreichendes Grundfutterangebot und einen möglichst hohen Verzehr billiger Grundfuttermittel definierter Qualität und bedarfsgerechter Zusammensetzung anzustreben, als durch hohen technischen Aufwand die Dosiergenauigkeit zu verbessern. Die fütterungstechnischen Voraussetzungen für eine Massendosierung von Grundfutter in der Rinderfütterung sind z. Z. noch nicht gegeben [2].

Zur Volumendosierung von Grün- und Gärfutter haben sich Frästrommeln als geeignete Arbeitswerkzeuge erwiesen [1]. Sie sind bei den bekannten Dosiererbauformen unterschiedlich und reichen von den Reißertrommeln, wie sie auch für Stalldungstreuer verwendet werden, bis zur leichten Häckselwand-Verteileinrichtung. Im Frästrommeldurchmesser und in der Drehzahl gibt es ebenfalls große Unterschiede.

Abb. 2: Versuchseinrichtung für die Drehmomentmessungen an Frästrommelwellen

Ein 14-kW-Elektromotor (1) treibt über 2 Schaltgetriebe (2) die drei senkrecht übereinander angeordneten Frästrommeln (3) der Futterverteileinrichtung an. Diese fräsen den Futterstock bei der Aufwärtsbewegung der Frästrommelzinken ab und werfen das Futter auf die Querförderbänder (4, 5) — bei der oberen Trommel in eine Auffangvorrichtung (6). Der Knaggentrieb des Längsförderers (8) wird durch einen weiteren Elektromotor (7) angetrieben. Die Fördergeschwindigkeit läßt sich in acht Stufen verändern (9). Die sich aus Laderaumhöhe und -breite errechnende Abfräsfläche beträgt 2,2 m².

Die Messungen an Fräseinrichtungen hatten das Ziel, Werte über den Gesamtleistungsbedarf beim Abfräsen verschiedener Futterfrüchte unterschiedlicher Häcksellängen in Abhängigkeit vom Durchsatz zu gewinnen und drei verschiedene Frästrommelbauformen zu vergleichen.

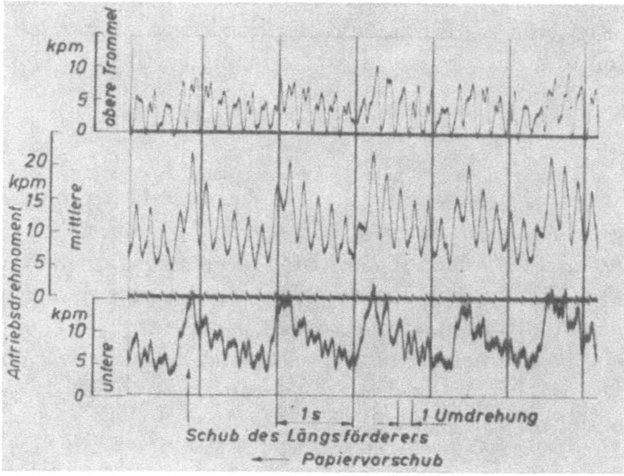

Abb. 3: Verlauf des Antriebsdrehmomentes
beim Abfräsen von Silomais
mit der Futterverteileinrichtung A

Mittleres Antriebsdrehmoment insges.: 21,7 kpm	
davon: obere Trommel 3,4 kpm	
mittlere Trommel 10,7 kpm	
untere Trommel 7,6 kpm	
Drehzahl der Frästrommeln:	330 U/min
Unfangsgeschwindigkeit der Frästrommeln:	5,2 m/s
mittlere Antriebsleistung:	10,2 PS
mittlerer Durchsatz:	33,0 t/h
Abfräsfläche:	2,2 m²
Meßdauer:	17 s
Vorschubfrequenz des Längsförderers:	0,9 Schübe/s
Trockensubstanzgehalt des Silomais:	16···23%
Häcksellängen-Verteilungskurve *d* in Bild 5	

2. Lösungsweg

Für diese Untersuchungen stellte der VEB Fortschritt Neustadt/Sa. das Fertigungsmuster eines Selbstentladewagens zur Verfügung, der geringfügig umgebaut und mit Meßeinrichtungen versehen wurde (Abb. 2). Das Drehmoment jeder der drei übereinander angeordneten Frästrommelwellen wurde mittels Dehnungsmeßstreifen elektrisch gemessen und auf einem Oszillogramm zusammen mit der Drehzahl über der Zeit aufgezeichnet (Abb. 3)[1].
Drehmoment- und Leistungsbedarf der Fräseinrichtungen wurden auf den stündlichen Durchsatz und auf einen Quadratmeter Abfräsfläche bezogen. Das

[1] Herrn Dipl.-Ing. A. FÄRBER habe ich für die Unterstützung bei den Messungen zu danken.

Gesamtdrehmoment beim Abfräsen von trockensubstanzreichem Wiesengras diente als Vergleichsmaßstab für die drei Frästrommelformen A, B und C (Abb. 4).

Zur Charakterisierung der wichtigsten physikalisch-mechanischen Eigenschaften der Dosiergüter wurden die Frischmasseanteile in den Häcksellängenklassen ermittelt und das Ergebnis als Summenhäufigkeitskurve aufgezeichnet sowie die Lagerungsdichten und der Trockensubstanzgehalt bestimmt (Abb. 5).

3. Ergebnisse

Die untersuchten Frästrommeln trennen bei der Aufwärtsbewegung der Zinken das Futter vom Futterstock ab. Einem Abfräsvorgang vergleichbar, wird die Spandicke mit zunehmender Vorschubgeschwindigkeit der Wagenladung größer und verringert sich mit steigender Trommeldrehzahl. Unter dem Einfluß des schubweisen Förderns der Wagenladung kommt es zu einem kurzzeitigen Ansteigen des Antriebsdrehmomentes der Frästrommeln. Im Bereich höherer Lagerungsdichten, bei der unteren und der mittleren Trommel, ist dieser Anstieg ausgeprägter als bei der oberen (Abb. 3).

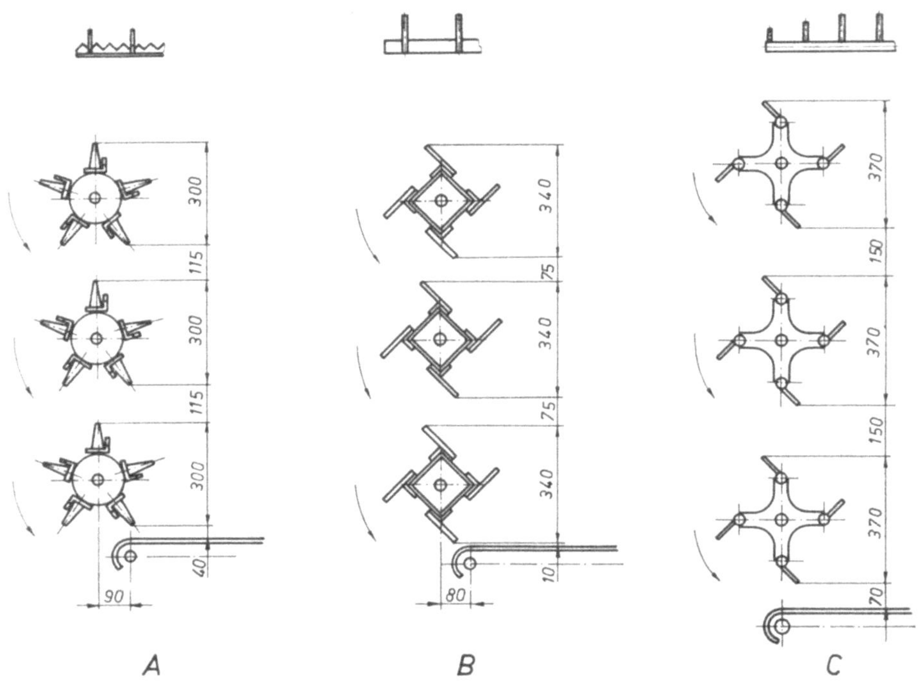

Abb. 4: Frästrommelformen

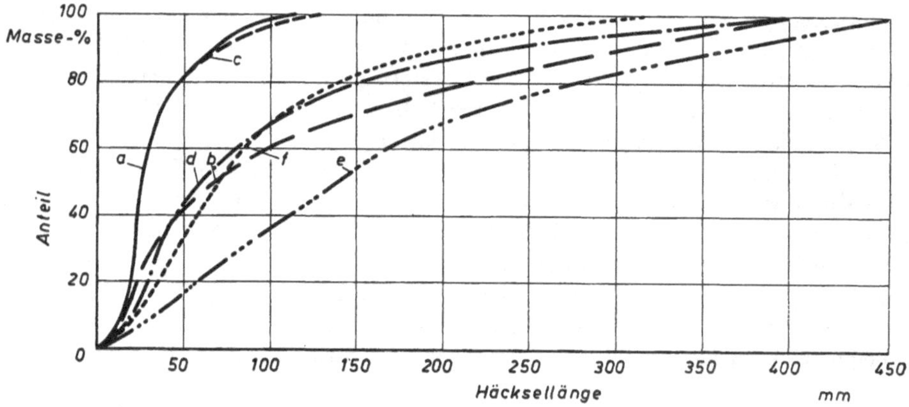

Abb. 5: Physikalisch-mechanische Eigenschaften der Futterfrüchte bei Drehmomentmessungen an Frästrommeln

Kurve	Futterfrucht	Trocken-substanzgehalt %	Lagerungs-dichte kg/m³
a	Wiesengras	27···29	290
b	Wiesengras	27···29	180
c	Mais	16···23	400
d	Mais	16···23	360
e	Wiesengras	26···40	120
f	Grünroggen-Gärfutter	14···15	580

Abb. 6a···e: Drehmoment- und Antriebsleistungsbedarf einer Futterverteileinrichtung mit der Frästrommelform A

Mittelwerte über 20 s Meßdauer

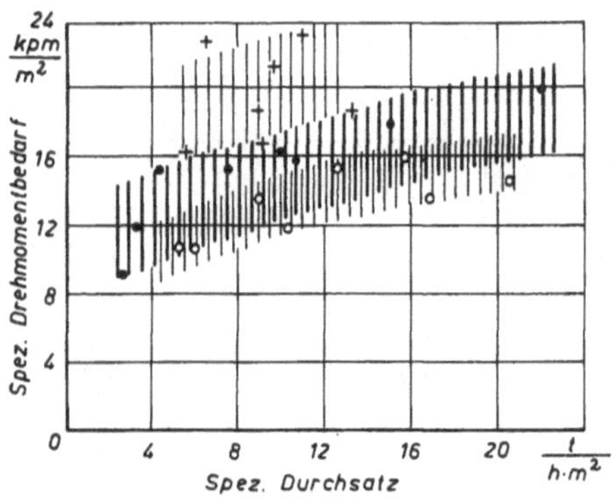

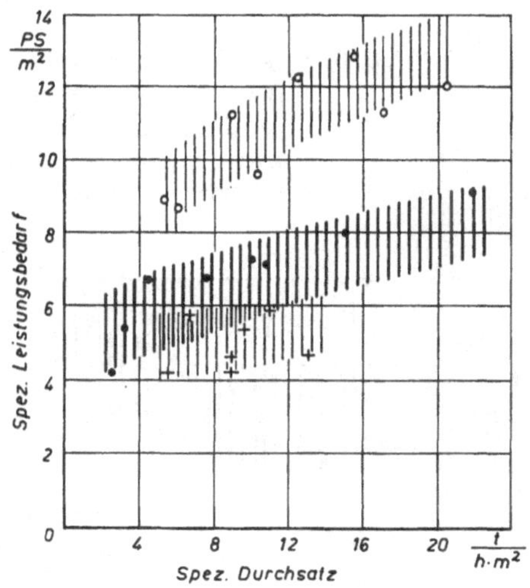

Abb. 6a: Grünroggen-Gärfutter

Häcksellängen-Verteilungskurve *f* (Abb. 5)

Umfangsgeschwindigkeit der Frästrommeln + 2,8 m/s; ● 5,1 m/s; ○ 9,2 m/s

Abhängig von Futterart, Lagerungsdichte und Abfräsvermögen der Verteileinrichtung tritt ein Schlupf zwischen der Kratzerkette des Längsförderers und dem Futterstock von 1···27% auf, bei rieselfähigem, leicht abfräsbarem Silomais weniger, bei Grünroggen-Gärfutter mit höherem Leistungsbedarf für das Abfräsen sowie bei Wiesengras mit geringerer Lagerungsdichte mehr.

Beim Futterverteilen kann, im Gegensatz zum Abfräsen von Stallmist, innerhalb einer Wagenladung und z. T. über bestimmte Fütterungsperioden hinweg gleichartiges und ähnlich zerkleinertes Futter vorausgesetzt werden.

Mit dem Durchsatz steigen Drehmoment- und Leistungsbedarf an. Der Anstieg verläuft größtenteils nicht linear, sondern wird im Bereich höherer Durchsätze geringer (Abb. 6a···e). Unterschiedliche Häcksellängen und Lagerungsdichten spiegeln sich im Aufwand für das Abfräsen verschiedener Futterfrüchte wider:

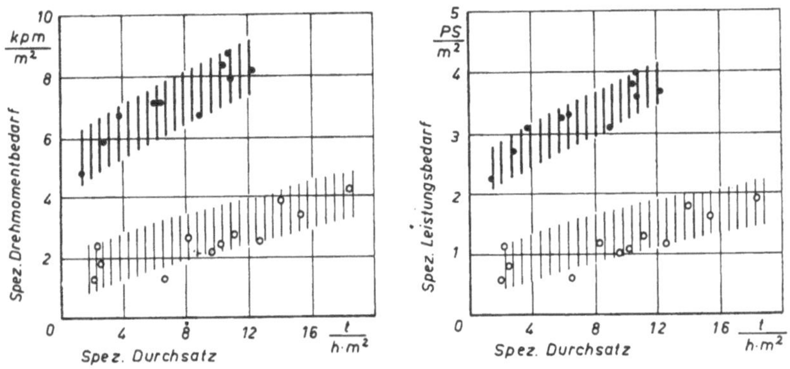

Abb. 6b: ● Wiesengras, geschlegelt
Häcksellängen-Verteilungskurve *b* (Abb. 5)
○ Wiesengras, kurz gehäckselt
Häcksellängen-Verteilungskurve *a* (Abb. 5)
Umfangsgeschwindigkeit der Frästrommeln 5,1 m/s

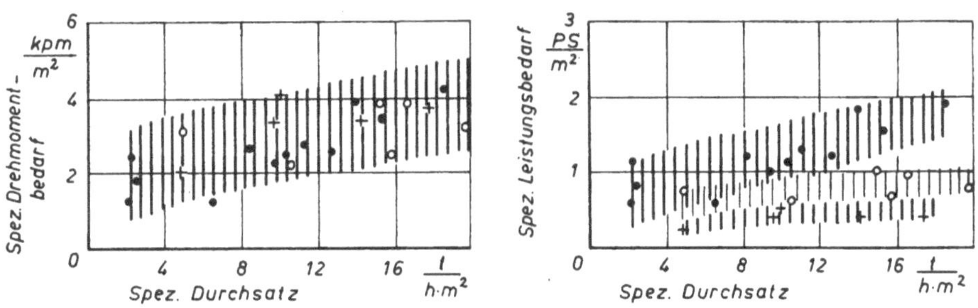

Abb. 6c: Wiesengras, kurz gehäckselt
Häcksellängen-Verteilungskurve a (Abb. 5)
Umfangsgeschwindigkeit der Frästrommeln ● 5,1 m/s; ○ 2,8 m/s; + 1,3 m/s

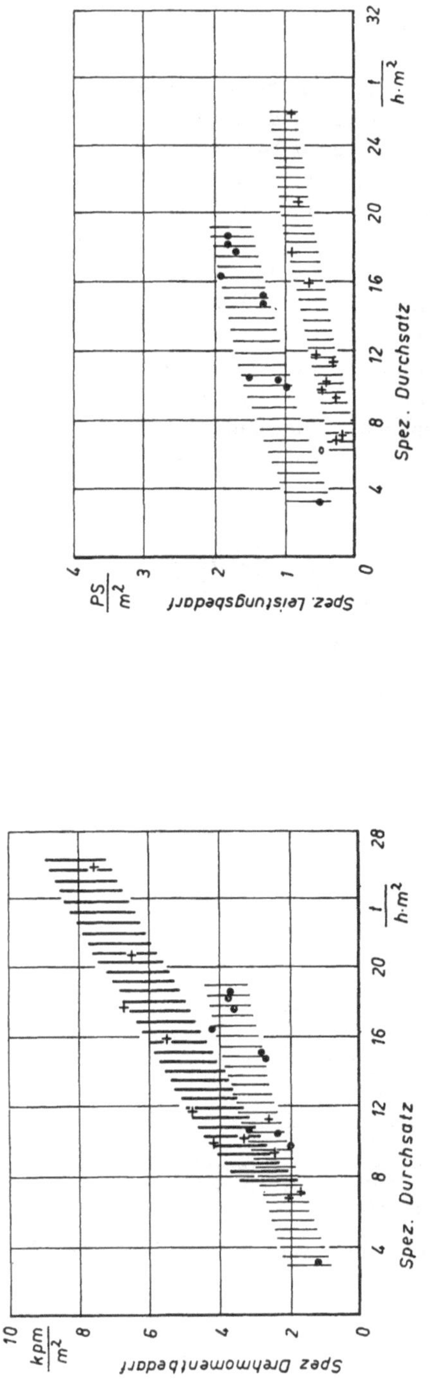

Abb. 6d: Grünmais, kurz gehäckselt

Häcksellängen-Verteilungskurve *c* (Abb. 5) Umfangsgeschwindigkeit der Frästrommeln ● 5,1 m/s; + 1,3 m/s

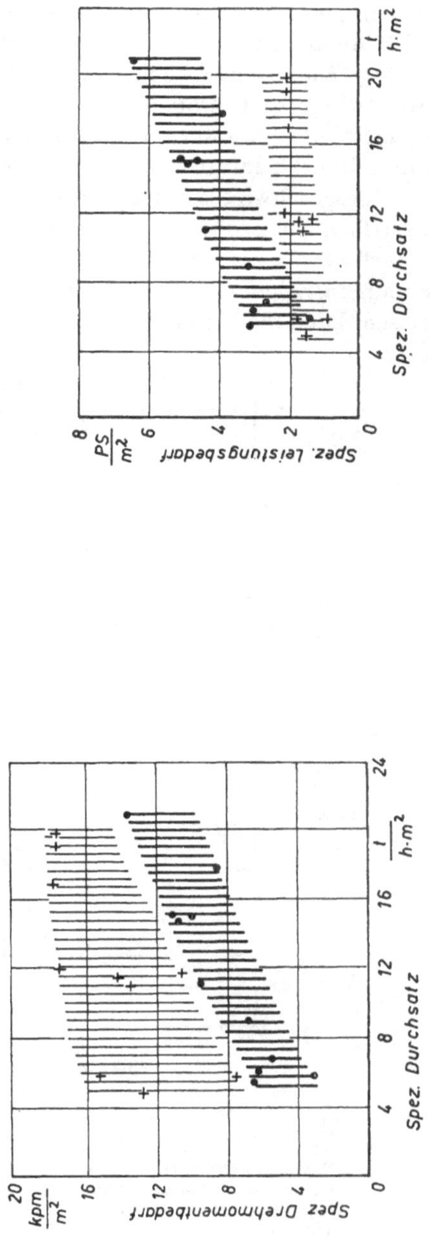

Abb. 6e: Grünmais, geschlegelt

Häcksellängen-Verteilungskurve *d* (Abb. 5) Umfangsgeschwindigkeit der Frästrommeln ● 5,1 m/s; + 1,3 m/s

Grünroggen-Gärfutter weist im Vergleich zu Grünfutter höhere Werte des Drehmoment- und Leistungsbedarfes auf (Abb. 6a und 6b). Die durch den Gärprozeß hervorgerufene Klebrigkeit und die höhere Lagerungsdichte sind dafür als ausschlaggebend anzusehen. Wiesengras und Grünmais mit kurzen Häcksellängen unterscheiden sich im Drehmoment- und Leistungsbedarf nur wenig (Abb. 6c und 6d). Geschlegeltes Grünfutter nimmt eine Mittelstellung zwischen Gärfutter und kurzgehäckseltem Grünfutter ein (Abb. 6b und 6e).

Mit geringerer Umfangsgeschwindigkeit der Frästrommeln steigt der Drehmomentbedarf bei allen Versuchsvarianten an. Das tritt bei Gärfutter und geschlegeltem Grünfutter stärker hervor als bei kurzem Häcksel. Mit zunehmender Umfangsgeschwindigkeit der Frästrommeln verläuft der Anstieg des Leistungsbedarfs nicht proportional der Drehzahlerhöhung, da sich der Drehmomentbedarf verringert. Bei einigen Futterarten, die zum Wickeln an den Frästrommeln neigen und einen hohen Drehmomentbedarf für das Abfräsen aufweisen, kann die Umfangsgeschwindigkeit der Frästrommeln nicht beliebig ver-

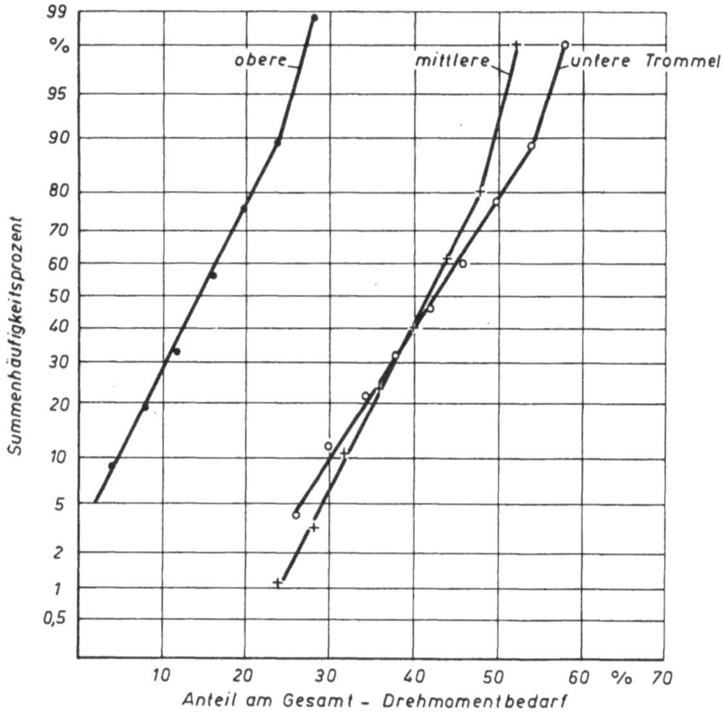

Abb. 7: Anteil des Drehmomentbedarfes der Frästrommeln am Gesamtbedarf der Futterverteileinrichtung A

Häufigkeitsverteilung der Mittelwerte aus 90 Messungen
Futterarten: Grünroggen-Gärfutter; Mais; Wiesengras
Mittlerer Durchsatz: 21 t/h (3,0···57,0 t/h)
Abfräsfläche: 2,2 m²

ringert werden, wenn ein starkes Ansteigen des Drehmomentes und Schäden an den Dosiereinrichtungen vermieden werden sollen. Kurz gehäckseltes Grüngut, wie es für die Einlagerung in Gärfutter-Hochbehälter erforderlich ist, kann mit geringeren Umfangsgeschwindigkeiten der Frästrommeln dosiert werden. Ein Anstieg des Drehmomentbedarfs auf Grund größerer Spandicke ist zwar erkennbar, der absolute Betrag liegt jedoch um rd. 50% niedriger als bei längerem Häcksel (Abb. 6d und 6e).
Die untere und die mittlere Frästrommelwelle einer Verteileinrichtung werden annähernd gleich beansprucht (Abb. 7). Beim Abfräsen von Wiesengras wurde für die Frästrommelformen A, B und C der Drehmomentbedarf ermittelt. Selbst bei dem relativ langen, geschlegelten Wiesengras (Abb. 5, Kurve e) läßt sich kein Unterschied der Trommelformen im Drehmomentbedarf feststellen (Abb. 8).

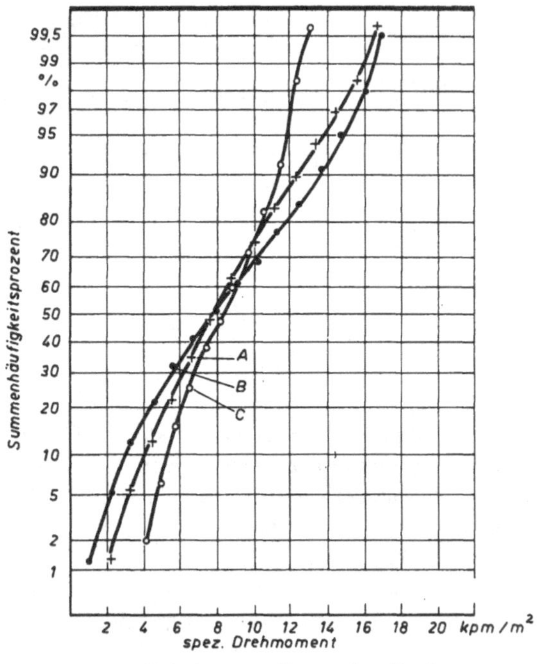

Abb. 8: Häufigkeitsverteilung der Drehmomente beim Antrieb der Frästrommeln verschiedener Futterverteileinrichtungen

Frästrommel-form	Spezifischer Durchsatz	
	Frischmasse t/h m²	Trockenmasse t/h m²
A	15,2 (13,1···17,4)	4,1 (3,5···4,7)
B	10,9 (7,3···14,3)	4,1 (2,8···5,4)
C	10,9 (9,4···11,9)	4,1 (3,5···4,5)

Mittelwerte aus jeweils 4 Messungen über je 17 s; Wiesengras, geschlegelt
Häcksellängen-Verteilungskurve *e* (Abb. 5)

Für das Abfräsen des langen Wiesengrases war die Frästrommelform C besser geeignet als die Formen A und B. Es traten weniger Wickelerscheinungen auf. Futter mit mittleren Wuchslängen >300 mm ließ sich mit den eingesetzten Frästrommelformen nicht mehr zufriedenstellend dosieren. Dazu eignen sich Trommeln mit aufgesetzten Mähmesserklingen besser, die unzerkleinertes Futter bei Umfangsgeschwindigkeiten von 12···15 m/s abfräsen und es dabei zerkleinern [3]. Der dafür erforderliche Energieaufwand liegt beträchtlich über dem, der für das Dosieren zerkleinerten Futters notwendig ist (Tab. 1).

Tabelle 1

Spezifischer Energieaufwand für das Abfräsen von Grünfutter

Grün- oder Welkgut	Mittlerer Trockensubstanzgehalt	Mittlerer spezif. Energieaufwand bezogen auf	
		Grün- oder Welkgut	Trockenmasse
	%	PSh/t	PSh/t
Kurz gehäckselt	28	0,1	0,4
Geschlegelt	28	0,3	1,1
Unzerkleinert*	25	1,6	6,4
Unzerkleinert*	50	1,8	3,6

* nach WIENECKE und CLAUS, 1966

4. Schlußfolgerungen

Bei der Entwicklung von Frästrommeln für Dosierer ist der Leistungsbedarf für das Abfräsen von Gärfutter zu Grunde zu legen. Ein Antrieb des Längsförderers mit größerer Schubhäufigkeit bei kleineren Schritten kann den Spitzendrehmomentbedarf der Frästrommeln verringern. Die für Futterverteilungswagen in der DDR serienmäßig gefertigte Frästrommelbauform A bringt ähnliche Werte des mittleren Energiebedarfs wie die in anderen Dosierern häufig eingesetzten Bauformen B und C. Frästrommeln mit größerem Durchmesser (400 mm) sind der Trommel A überlegen und sollten auch für den Futterverteilungswagen F 931 vorgesehen werden.

Für das Dosieren von Grünfutter ist Häckselgut unzerkleinertem Futter vorzuziehen. Dafür sprechen der relativ hohe Energiebedarf für das Abfräsen unzerkleinerten Dosiergutes und die technologischen Nachteile bei der Ernte von unzerkleinertem Grünfutter mit Mähladern. Auch bei unzerkleinertem Grüngut ist die Eigenerwärmung bei der Zwischenlagerung nicht sicher vermeidbar. Für die Silierguternte und für die technische Trocknung sind exaktschneidende Feldhäcksler für kurzes Häckselgut erforderlich. Der Einsatz von kurzem Grünfutterhäcksel für die tägliche Frischfutterversorgung bringt die Vorteile einheitlicher Erntetechnologie für alle Grünfutterfrüchte, die zur Grünfutter-

bereitung, zur Frischverfütterung und zur technischen Trocknung vorgesehen sind. Der Energieaufwand für die Dosierung kann gering gehalten und von der Entwicklung schneidender Frästrommeln für unzerkleinertes Grüngut kann abgesehen werden.
Die Grünfutterversorgung großer Stallanlagen führt zu einem relativ hohen Bedarf an Erntemaschinen und Futterverteilungswagen, wenn der tägliche Futterbedarf während der Fütterungszeit von insgesamt 4 Stunden geerntet, transportiert und verteilt werden soll. Eine kurzzeitige Zwischenlagerung des Grünfutters am Stall ermöglicht die Ernte außerhalb der Fütterungszeit und den Antransport mit Anhängern, die in ihren Abmessungen nicht durch die Durchfahrten der Stallanlagen begrenzt und mit 20 m³ Laderaum den Futterverteilungswagen mit rd. 10 m³ deutlich überlegen sind. Durch Einrichtungen zur Kühlbelüftung kann die Eigenerwärmung von Grünfutterhäcksel eingeschränkt werden.

5. Zusammenfassung

Die Untersuchungen wurden mit dem Ziel durchgeführt, Werte über den Gesamtleistungsbedarf beim Abfräsen von Grünroggen-Gärfutter, Mais und Gras unterschiedlicher Häcksellängen zu gewinnen. Es wurden drei verschiedene Frästrommelbauformen verglichen. Gehäckseltes Grüngut kann mit einem Energieaufwand von 0,1···0,3 PSh/t dosiert werden, für unzerkleinertes Grünfutter werden rd. 1,6 PSh/t benötigt. Auch für die Grünfutterfütterung ist Häckselgut vorzusehen. Von der Entwicklung schneidender Frästrommeln für unzerkleinertes Grünfutter kann abgesehen werden.

Резюме

Исследования проводились с целью получения данных об общей потребности в мощности при изъятии с помощью фрезы силосованной зеленой ржи, кукурузы и травы различной длины измельчения. Сопоставлены три различных вида конструкций фрезерных барабанов. На дозировку измельченной зеленой массы затрачивается энергии в размере 0,1...0,3 л.с.час/т, на дозировку неизмельченного зеленого корма требуется около 1,6 л.с.час/т. Скармливаемые зеленые корма следует также измельчать. В разработке режущих фрезерных барабанов для неизмельченного зеленого корма нет необходимости.

Summary

It was the aim of these studies to obtain data on the total energy requirement when milling-cutting green-rye silage, maize, and grass chopped in different lengths. Three different types of cutting drum structures were compared with one another. Chopped green fodder may be portioned at an energy requirement of 0.1···0.3 HP-hr/ton, while about 1.6 HP-hr/ton are required for unchopped green fodder. Chopped material is recommended also for green fodder feeding. It will not be necessary to develop cutting milling-drums for unchopped green fodder.

Literatur

[1] BIALOJAN, G.; NOACK, W.: Grundlagenuntersuchungen über die Dosierung von Saft- und Kraftfutter in Rinderställen. Forschungsabschlußbericht des Instituts für Landtechnik Potsdam-Bornim 1961

[2] MÜLLER, M.: Untersuchungen zur Dosierung von Grundfutter bei der Rinderfütterung. Forschungsabschlußbericht des Instituts für Mechanisierung der Landwirtschaft Potsdam-Bornim 1967

[3] WIENECKE, F.; CLAUS, H.-G.: Eine Entwicklungsstudie über das Abfräsen und Dosieren von Halmgutstapeln. Landtechnische Forschung 16 (1966), S. 41···46

Arch. Landtechnik · Bd. 7 · 1968 · H. 1 · S. 73–82 · Berlin

Aus dem Institut für Mechanisierung der Landwirtschaft Potsdam-Bornim
der Deutschen Akademie der Landwirtschaftswissenschaften zu Berlin

GEORG OTTO

Zugwiderstand eines Grubberschares

Eingegangen: 10. Juni 1967

1. Aufgabe

Für die Bodenpflege in Baumreihen ist es erforderlich, daß die dafür vorgesehenen Geräte vor einem Baum aus der Reihe und nach dem Passieren des Baumes wieder in die Reihe bewegt werden. Bei starr am Geräterahmen angeordneten Grubberzinken tritt beim Ausführen dieser Bewegung zwischen der in Fahrtrichtung des Traktors verlaufenden Mittellinie des Grubberschares und seiner tatsächlichen Bearbeitungsrichtung ein Winkel auf, der im folgenden mit Scharstellwinkel φ bezeichnet wird (Abb. 4).
Für den Antrieb mit Gänsefußscharen versehener Geräte soll untersucht werden, welchen Einfluß der Scharstellwinkel φ auf den Zugwiderstand des Werkzeuges hat.

2. Methode

Um unter möglichst gleichen Bodenverhältnissen den Einfluß des Scharstellwinkels φ auf den Zugwiderstand des Gänsefußschares (Abb. 1) zu ermitteln, wurden die Messungen zunächst im Bodenkanal vorgenommen (Tab. 1).

Tabelle 1

Textur des Bodens im Bodenkanal (lehmiger Sand)

Korngröße mm	>2,0	2,0···>0,2	0,2···>0,02	0,02···>0,002	0,002···>0
Anteil %	2,4	33,2	33,0	23,0	8,2

Der Einfluß unterschiedlicher Bodenarten auf den Zugwiderstand wurde in Feldversuchen untersucht. Die in den Feldversuchen bearbeiteten Böden sind nach den in Flurkarten eingetragenen Bezeichnungen der Bodenarten benannt. Zur weiteren Kennzeichnung der Böden wurde die auf Trockensubstanz bezogene Feuchtigkeit bestimmt und der Eindringwiderstand eines Körpers im Boden (Abb. 2) mit der von KUNATH [2] beschriebenen Bodensonde gemessen. Die Eindringtiefe betrug 10 cm. Die Werte für den Eindringwiderstand sind aus der mittleren Höhe der Meßschriebe bestimmt worden.

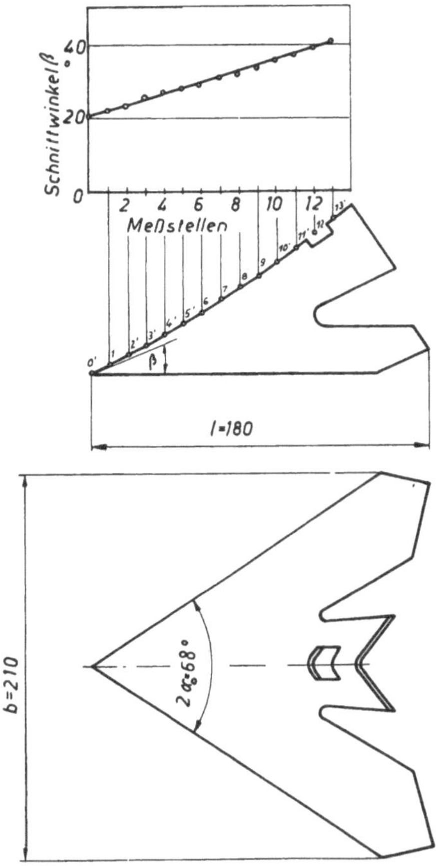

Abb. 1: Gänsefußschar

Schnittwinkel	$\beta = 21 \cdots 41°$
Scharschneidenwinkel	$2\,\alpha_0 = 68°$
Scharbreite	$b = 210$ mm
Scharlänge	$l = 180$ mm

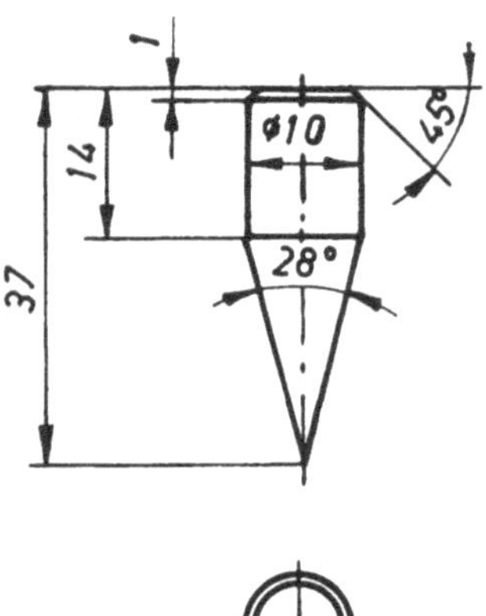

Abb. 2: Eindringkörper der Bodensonde

Der Zugwiderstand wurde im Rahmen der Feldversuche mit einem hydraulisch arbeitenden Zugkraftmesser über eine Zugschere gemessen. Das Einhalten einer Arbeitstiefe von etwa 10 cm wurde dabei durch Führungskufen erreicht.
Für das Messen des Zugwiderstandes im Bodenkanal ist eine Meßeinrichtung mit elektrischem Geber benutzt worden (Abb. 3). Der auf die Bodenebene projizierte Drehpunkt des Grubberschares lag bei der Durchführung der Versuche etwa im Flächenschwerpunkt des Schares.

Abb. 3: Vorrichtung zur Messung des Zugwiderstandes am Grubberschar

Der Meßrahmen (1) ist soa ufgebaut, daß nur der vom Schar in Arbeitsrichtung wirkende Zugwiderstand auf die elektrisch arbeitende Ringmeßdose (2) übertragen wird. Für die Verstellung des Winkels während der Meßfahrt ist der Motor (3), dessen Kupplung (4) als Kontaktscheibe ausgebildet ist, vorgesehen. Die Teilscheibe (5) dient zur Kontrolle der Einstellung des Winkels φ zu Beginn einer Meßfahrt. Der Meßrahmen (1) ist mit dem auf Schienen laufenden Meßwagen (6) verbunden. Der Antrieb des Meßwagens erfolgt über eine Seilwinde.

Die Meßschriebe wurden zum Bestimmen des Mittelwertes planimetriert. Ein so gewonnener Meßwert stellt jeweils einen Meßpunkt im Diagramm dar.
Für den Zugwiderstand Z eines Grubebrschares gilt nach GRUNER [1] und KRUTIKOW [3] die Beziehung

$$Z = b \cdot p \qquad \left| \frac{Z}{\text{kp}} \middle| \frac{b}{\text{cm}} \middle| \frac{p}{\text{kp/cm}} \right| . \tag{1}$$

Darin bedeuten:

Z Zugwiderstand eines Grubberschares;
b Arbeitsbreite eines Grubberschares;
p spezifischer Zugwiderstand eines Grubberschares

Für den Zugwiderstand des Grubberschares in Abhängigkeit vom Scharstellwinkel φ zwischen der Mittellinie des Schares und seiner tatsächlichen Bewegungsrichtung gilt die Gleichung

$$Z_{(\varphi)} = b_{(\varphi)} \cdot p_{(\varphi)} \,. \tag{2}$$

Die im Bodenkanal und in Feldversuchen ermittelten Ergebnisse sind als Funktionen

$$Z = f(\varphi) \quad \text{und}$$

$$p\,Z/b = f(\varphi) \tag{1a}$$

dargestellt. Für die Berechnung des spezifischen Zugwiderstandes p wurde der Mittelwert vom Zugwiderstand und die vom Scharstellwinkel φ abhängige Scharbreite b für die jeweilige Variante zu Grunde gelegt (Tab. 2).

Tabelle 2

Arbeitsbreite b in Abhängigkeit vom Scharstellwinkel φ

Arbeitsbreite cm	21	19,5	20	18
Winkel °	0	30	60	90

3. Ergebnisse

3.1. Einfluß des Scharstellwinkels φ auf den Zugwiderstand

Die Auswertung der Meßschriebe, die mit sich änderndem Scharstellwinkel φ während der Meßfahrt gewonnen wurden, ergaben keine signifikante Abhängigkeit des Zugwiderstandes von φ. Die Ursache dafür kann in der bei Drehung des Schares auftretenden Relativgeschwindigkeit begründet liegen. Die im folgenden dargestellten Ergebnisse wurden bei konstantem Scharstellwinkel φ während einer Meßfahrt ermittelt.

Der Zugwiderstand steigt im Bereich von $\varphi = 0 \cdots 60°$ annähernd linear an, erreicht bei etwa 60° ein Maximum und fällt im Bereich von $\varphi = 60 \cdots 90°$ ab (Abb. 4). Ein Vergleich dieser Werte mit den in Feldversuchen gemessenen zeigt, daß die Charakteristik des Kurvenverlaufes bis auf einen geringeren Abfall im Bereich $\varphi = 60 \cdots 90°$ annähernd gleich ist (Abb. 6).

Der Verlauf des spezifischen Zugwiderstandes in Abhängigkeit vom Scharstellwinkel φ wird durch den Quotienten $Z_{(\varphi)}/b_{(\varphi)}$ bestimmt. Die im Bodenkanal gemessenen Werte für den Zugwiderstand zeigen, daß der Abfall der Kurven im Bereich $\varphi = 60 \cdots 90°$ (Abb. 5) geringer ist, als bei den dazugehörigen Kurven $Z = f(\varphi)$ (Abb. 4). Für $V_a = 1{,}0$ m/s (Abb. 5) ist im Bereich $\varphi = 60 \cdots 90°$ ein fast waagerechter Verlauf zu verzeichnen. Bei den spezifischen Zugwiderständen, die aus den Feldversuchen ermittelt wurden, weist der Verlauf der Kurven $p = f(\varphi)$ für das untersuchte Intervall von $\varphi = 0 \cdots 90°$ eine steigende Tendenz auf (Abb. 7). Die Ursache für diesen Kurvenverlauf liegt in der Abhängigkeit $b = f(\varphi)$ begründet, die für $\varphi = 90°$ den geringsten Wert für b aufweist.

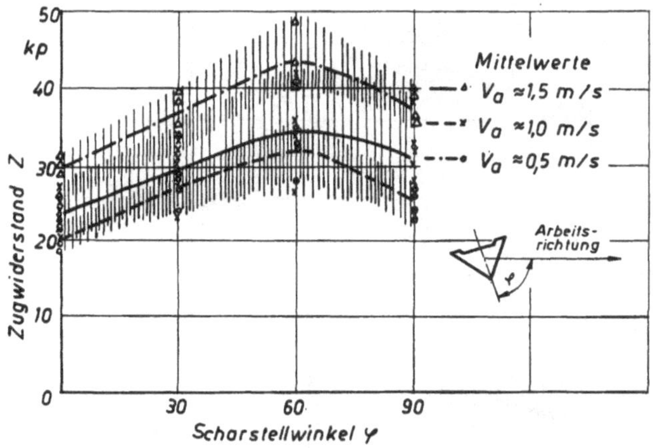

Abb. 4: Zugwiderstand des Grubberschares bei verschiedenen Arbeitsgeschwindigkeiten in Abhängigkeit vom Winkel φ (gemessen im Bodenkanal)

Mittlere Bodenfeuchtigkeit: 8,6%
Mittlerer Eindringwiderstand der Bodensonde: 1,9 kp
Arbeitstiefe: 10 cm

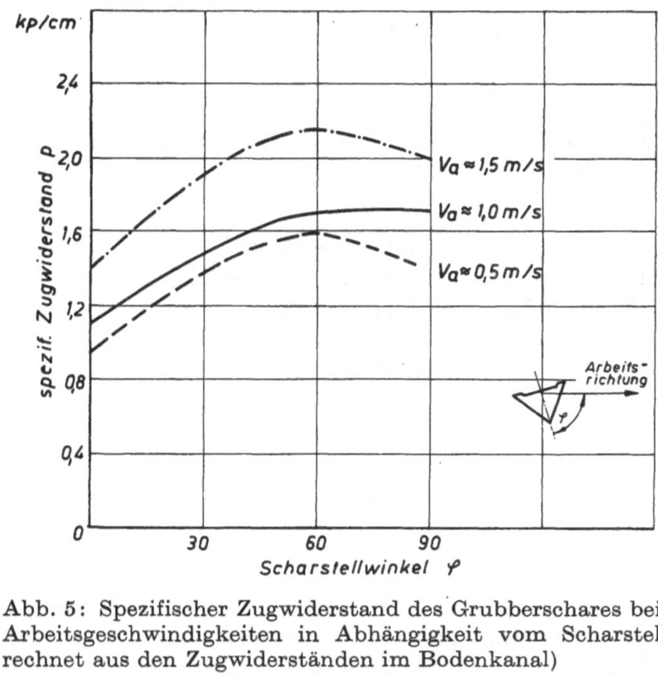

Abb. 5: Spezifischer Zugwiderstand des Grubberschares bei verschiedenen Arbeitsgeschwindigkeiten in Abhängigkeit vom Scharstellwinkel φ (errechnet aus den Zugwiderständen im Bodenkanal)

Mittlere Bodenfeuchtigkeit 8,6%
Mittlerer Eindringwiderstand der Bodensonde 1,9 kp
Arbeitstiefe 10 cm

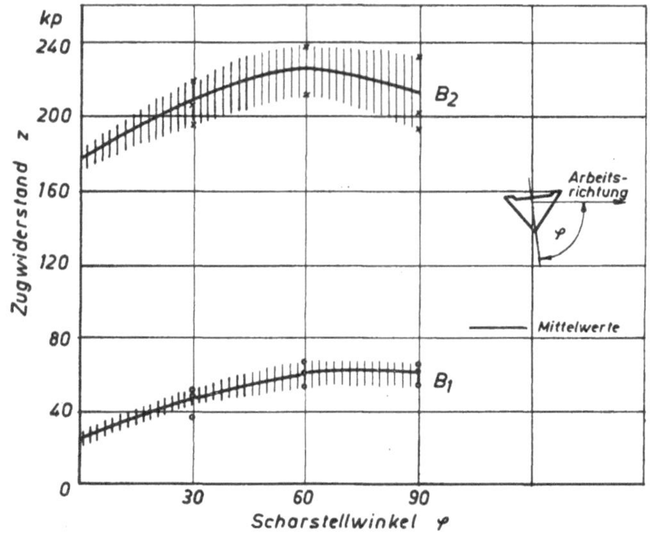

Abb. 6: Zugwiderstand des Grubberschares in verschiedenen Böden (B_1, (B_2) in Abhängigkeit vom Scharstellwinkel φ (gemessen in Feldversuchen)

B_1: lehmiger Sand
Mittl. Bodenfeuchtigkeit 5,6%
Mittl. Eindringwiderstand der Bodensonde 10 kp
Mittl. Arbeitsgeschwindigkeit 0,67 m/s
Mittl. Arbeitstiefe 10 cm
B_2: sandiger Lehm
Mittl. Bodenfeuchtigkeit 9,8%
Mittl. Eindringwiderstand der Bodensonde 37,8 kp
Mittl. Arbeitsgeschwindigkeit 0,72 m/s
Mittl. Arbeitstiefe 10 cm

Betrachtet man den Eingriff der Scharschneiden im Boden in Abhängigkeit vom Scharstellwinkel φ, so ergibt sich, daß in dem Bereich $\varphi = \alpha_0 \cdots 90° = 34 \cdots 90°$ nur eine Schneide des Schares im Boden wirkt. Der Scharschneidenwinkel α, für den stets der spitze Winkel angenommen werden soll, ist in Abhängigkeit vom Scharstellwinkel φ das Bild der Funktionen

$$\alpha = \varphi + \alpha_0 \Big/ \begin{matrix} \varphi = 90° \\ \varphi = 56° \end{matrix} \tag{3}$$

$$\alpha = -\varphi + (180 - \alpha_0) \Big/ \begin{matrix} \varphi = 90 - \alpha_0 = 56° \\ \varphi = 0 \end{matrix} \tag{4}$$

Bei $\varphi = 56°$ schneiden sich die Kurven $\alpha = f(\varphi)$ (Abb. 8). In diesem Schnittpunkt betragen die dazugehörigen Scharschneidenwinkel $\alpha = 90°$, d. h. die wirksame Scharschneide steht bei $\varphi = 56°$ senkrecht zur Arbeitsrichtung des Schares. Ein Vergleich des Verlaufes dieser Geraden mit dem Verlauf der Kurve $Z_m = f(\varphi)$ (Abb. 8), die sich aus den Mittelwerten der im Bodenkanal gemessenen Zugwiderstände ergibt, zeigt insofern einen ähnlichen Verlauf, als das Maximum

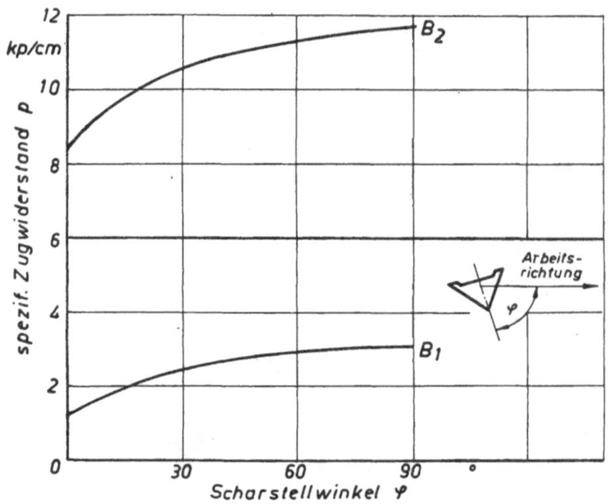

Abb. 7: Spezifischer Zugwiderstand des Grubberschares in verschiedenen Böden (B_1, B_2) in Abhängigkeit vom Scharstellwinkel φ (errechnet aus den Zugwiderständen bei den Feldversuchen)

s. Legende Abb. 6

Arbeitsbreite b in Abhängigkeit vom Scharstellwinkel φ

dieser Kurve bei einem Wert für den Scharstellwinkel φ auftritt, wo auch α den größten Wert aufweist. Aus dieser Übereinstimmung läßt sich schlußfolgern, daß die Abhängigkeit des Zugwiderstandes vom Scharstellwinkel φ unter anderem auf die damit verbundene Änderung des Scharschneidenwinkels α zurückgeführt werden kann.

Bezogen auf die Scharstellung $\varphi = 0°$ beträgt die Erhöhung des Zugwiderstandes bei $\varphi = 60°$ für die im Bodenkanal durchgeführten Messungen etwa 50% (Abb. 4). Bei den in Feldversuchen auf verschiedenen Böden ermittelten Zugwiderständen betrug die Erhöhung auf dem Boden B_1 etwa 200% und auf dem Boden B_2 etwa 30% (Abb. 6).

3.2. Einfluß der Arbeitsgeschwindigkeit

Die Untersuchungen im Bodenkanal wurden bei Arbeitsgeschwindigkeiten von etwa 0,5; 1,0 und 1,5 m/s durchgeführt. Ein Vergleich der bei diesen Arbeitsgeschwindigkeiten gemessenen Zugwiderstände zeigt, daß bei der Erhöhung der Arbeitsgeschwindigkeit von 0,5 auf 1,0 m/s der Zugwiderstand um etwa 17% und bei einer Erhöhung der Arbeitsgeschwindigkeit von 0,5 auf 1,5 m/s um etwa 50% ansteigt (Abb. 4).

3.3. Einfluß des Bodens

Unter Berücksichtigung der in Obstanlagen häufig vorkommenden Bodenarten und Bodenzustände können die für die Durchführung der Feldversuche gewähl-

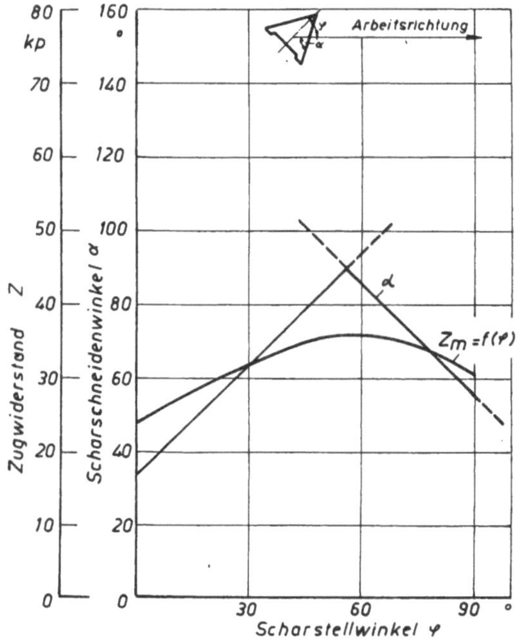

Abb. 8: Scharschneidenwinkel α und mittlerer Zugwiderstand Z in Abhängigkeit vom Scharstellwinkel φ des Gänsefußschares
Mittlere Bodenfeuchtigkeit 8,6%
Mittlere Eindringwiderstandr der Bodensonde 1,9 kp
Arbeitstiefe 10 cm
Arbeitsgeschwindigkeit 1 m/s

ten Böden in Bezug auf Bodenart und -zustand als annähernd typisch für größere Anbaugebiete der DDR angesehen werden.

Stellt man dem Einfluß technisch beeinflußbarer Größen wie des Scharstellwinkels φ und der Arbeitsgeschwindigkeit V_a dem Einfluß des Bodens auf den Zugwiderstand gegenüber, so ist zu erkennen, daß der Boden einen weit größeren ausübt. Während der gemessene Zugwiderstand des Schares in Abhängigkeit von φ auf lehmigem Sand zwischen 20 und 68 kp und auf sandigem Lehm zwischen 170 bis 240 kp schwankt, beträgt die Differenz der gemessenen Zugwiderstände auf den Böden B_2 und B_1 annähernd 150 kp (Abb. 6).

GRUNER [1] gibt für den spezifischen Zugwiderstand eines Grubbers 125···200 kp je m bei einer Arbeitsgeschwindigkeit von 4,5···8 km/h und einer Arbeitstiefe von 10 cm an. Wenn auch eine direkte Vergleichsbasis zu den ermittelten Ergebnissen nicht besteht, weil die in der Literatur [1] angegebenen Werte bei anderen Arbeitsgeschwindigkeiten ermittelt wurden und auch den Rollwiderstand des Gerätes mit enthalten, so liegt z. B. der für $\varphi = 0°$ bei einer Arbeitsgeschwindigkeit von 5,4 km/h im Bodenkanal für den spezifischen Zugwiderstand ermittelte Wert mit 1,4 kp/cm in dem von GRUNER [1] angegebenen Bereich.

4. Schlußfolgerungen

Aus den Ergebnissen der Untersuchungen geht hervor, daß der Scharschneidenwinkel α, der sich in Abhängigkeit vom Scharstellwinkel φ verändert, einen wesentlichen Einfluß auf den Zugwiderstand des Grubberschares hat. Mit größer werdendem Scharschneidenwinkel α nimmt auch der Zugwiderstand zu.
Aus den Darstellungen über den Zugwiderstand des Grubberschares in Abhängigkeit vom Scharstellwinkel φ für verschiedene Arbeitsgeschwindigkeiten und Bodenarten ist zu ersehen, daß der größte Zugwiderstand dann auftritt, wenn die Scharschneide senkrecht zur Arbeitsrichtung des Schares steht, bei der ein Scharschneidenwinkel $\alpha = 90°$ auftritt. Die Fahrsgechwindigkeit des Traktors und die Geschwindigkeit, mit der das Werkzeug senkrecht zur Fahrtrichtung verschoben wird, sollten aus diesem Grunde so gewählt werden, daß die resultierende Arbeitsrichtung bei dem untersuchten Schar möglichst nicht unter dem Winkel $\varphi = 56°$ zur Fahrtrichtung steht.
Für den normalen Einsatz von Grubbern mit Gänsefußscharen als Arbeitswerkzeuge läßt sich aus den Untersuchungsergebnissen folgern, daß Deformationen an Grubberzinken, die eine Scharstellung von $\varphi \neq 0$ zur Folge haben, einen erhöhten Zugwiderstand verursachen.

5. Zusammenfassung

Im Bodenkanal und in Feldversuchen wurde der Zugwiderstand eines Gänsefußschares in Abhängigkeit von der Scharstellung in horizontaler Ebene zur Arbeitsrichtung für verschiedene Arbeitsgeschwindigkeiten und Bodenarten bei konstanter Arbeitstiefe von 10 cm gemessen. Die Untersuchungsergebnisse zeigen, daß neben der Bodenart die technischen Einflußfaktoren — Scharschneidenwinkel α und Arbeitsgeschwindigkeit V_a — unter den Bedingungen bei der Versuchsdurchführung den größten Einfluß auf den Zugwiderstand des Schares ausüben. Mit zunehmendem Scharschneidenwinkel α steigt der Zugwiderstand an und erreicht bei $\alpha = 90°$, bei dem die Scharschneide senkrecht zur Arbeitsrichtung steht, den höchsten Wert.
Bei einer Erhöhung der Arbeitsgeschwindigkeit von 0,5 auf 1,0 m/s stieg der Zugwiderstand um etwa 17% und bei einer Erhöhung der Arbeitsgeschwindigkeit von 0,5 auf 1,5 m/s etwa 50%.

Резюме

В лабораторных и полевых опытах измерялось тяговое сопротивление стрельчатой лапы в зависимости от ее расположения в горизонтальной плоскости к направлению хода при различных рабочих скоростях, видах почв и постоянной рабочей глубине — 10 см. Результаты исследований показывают, что в опыте наряду с видом почвы больше всего влияют на тяговое сопротивление технические факторы — угол лезвия лапы α и рабочая скорость V_a. С возрастающим углом лезвия α тяговое сопротивление повышается и достигает своего максимума при α — 90°, при котором лезвие лапы стоит вертикально к направлению хода.

При повышенной от 0,5 до 1,0 м/сек. рабочей скорости повысилось тяговое сопротивление примерно на 17%, а при повышении ее от 0,5 до 1,5 м/сек. – примерно на 50%.

Summary

The draft resistance of a duckfoot sweep in dependence on the share position in a horizontal plane to the working direction was measured for several working speeds and soil types in case of 10 cm constant working depth both in an artificial soil profile and in field experiments. The test results suggest that apart from the soil type the technological factors of influence, — i. e. share blade angle α and working speed V_a, — exerted the greatest influence on the draft resistance of the share under the conditions in the given test conduct. The draft resistance increases together with rising share blade angle α, reaching its maximum at $\alpha = 90°$, i. e. when the share blade is in a vertical plane to the working direction.

When the working speed is raised from 0.5 to 1.0 m/s, the draft resistance increases by about 17 per cent, while it was increased by about 50 per cent, when the working speed was raised from 0.5 to 1.5 m/s.

Literatur

[1] GRUNER, W.: In Heyde Landmaschinenlehre, Band I, 2. Auflage. VEB Verlag Technik Berlin, S. 374···375

[2] KUNATH, L.: Zur Bodendichtebestimmung mit Bodensonden. Archiv für Landtechnik 3 (1961/62) S. 227···242

[3] KRUTIKOW, N. D.: Theorie, Berechnung und Konstruktion der Landmaschinen, Band I. VEB Verlag Technik Berlin 1955, S. 455···456

Arch. f. Landtechnik · Bd. 7 · 1968 · H. 1 · S. 83–89 · Berlin

Aus dem Institut für Mechanisierung der Landwirtschaft Potsdam-Bornim
der Deutschen Akademie der Landwirtschaftswissenschaften zu Berlin

FRANZ SCHLESINGER

Verladeroder-Ernte von Speise- und Pflanzkartoffeln auf steinhaltigen Böden

Eingegangen: 28. Mai 1967

1. Aufgabe

Der Einsatz von Verladerodern[1] zur Ernte von Futterkartoffeln hat sich in den Betrieben, denen eine derartige Maschine zur Verfügung gestellt werden konnte, gut eingeführt. Zusammen mit der stationären Steintrennanlage Typ E 995 (VEB Weimar-Werk) und der Dämpfmaschine Typ F 404 (VEB Dämpferbau Lommatzsch) konnte ein Ernte- und Aufbereitungsverfahren entwickelt werden, das zu einer beträchtlichen Senkung des AKh-Aufwandes gegenüber den herkömmlichen Verfahren führt [2, 3, 4].
Die Ernte von Speise- und Pflanzkartoffeln mit Verladerodern dagegen ist in größerem Umfang bisher nur in sehr wenigen Betrieben, z. B. in der LPG Wachow (Kr. Nauen) durchgeführt worden (1965 — 64 ha; 1966 — 125 ha). Als wesentliche Hemmnisse für eine allgemeine Einführung dieser Erntemethode können folgende Gesichtspunkte angesehen werden:

Beschädigung der Kartoffeln durch Beimengungen,
Fehlen einer wirksamen Beimengungstrenneinrichtung,
Vergrößerung des Transportvolumens.

Kartoffelbeschädigungen können in vermehrtem Umfange im Verlauf des Ernte- und Aufbereitungsprozesses durch die Erntemaschine selbst, beim Verladen, auf dem Transport sowie beim Umschlag auftreten, wenn die Kartoffelrohware mit Beimengungen behaftet ist. Geeignete Beimengungstrenneinrichtungen, die ohne Handkorrektur auf der Rodemaschine den verschiedensten Bedingungen der Praxis genügen, stehen gegenwärtig noch nicht serienmäßig zur Verfügung. Ihre zweckmäßige Auslegung wird durch das Fehlen genauerer Daten über den Steinanfall erschwert. Stationäre Anlagen sind noch im Stadium von Funktionsmustern.

[1] Verladeroder (z. B. Typ E 660 des VEB Weimar-Werk) sind Kartoffelerntemaschinen, die den Damm aufnehmen, Erde und Kraut aus dem Rodegut abscheiden und die Kartoffeln mit den restlichen Beimengungen auf nebenherfahrende Fahrzeuge verladen. Sie werden nur vom Schlepperfahrer bedient.

Die vorliegende Arbeit sollte vor allem klären,

in welchen Grenzen der Steinanfall unter den typischen Bedingungen der norddeutschen Moränengebiete schwanken kann;

durch welchen Arbeitsgang die größte Beschädigungszunahme bei den Kartoffeln auftritt und

bis zu welchem Beimengungsgehalt eine Verladeroderernte mit stationärer Abscheidung der Beimengungen im Hinblick auf die auftretenden Kartoffelbeschädigungen vertretbar ist.

Die hier wiedergegebenen Messungen wurden mit der Beimengungsart „Steine" durchgefürht. Vorliegende Messungen mit Kluten bedürfen noch der Ergänzung in der kommenden Ernte.

2. Ergebnisse

2.1. Steinbesatz

Praktische Messungen mit Sammelrodern in verschiedenen Kartoffelanbaugebieten wiesen auf starke Schwankungen des Steinbesatzes in eng begrenzten Gebieten hin.

Zur umfassenderen Kennzeichnung und flächenmäßigen Zuordnung der Schwankungsbereiche wurde auf einem Kartoffelschlag im norddeutschen Endmoränegebiet (LPG Wendisch-Priborn, Kr. Lübz) auf einer Fläche von etwa 13 ha beim Roden mit dem Sammelroder Typ E 665 (VEB Weimar-Werk) der auf dem Sammelroder anfallende Steinbesatz gemessen. Die Meßergebnisse — als Zonen gleichen Steinbesatzes dargestellt (Abb. 1) — zeigen bei einem Mittelwert über die gesamte Feldfläche von 1,2 kg/m² Schwankungen des Steinbesatzes zwischen 0,3 und 5,1 kg/m².

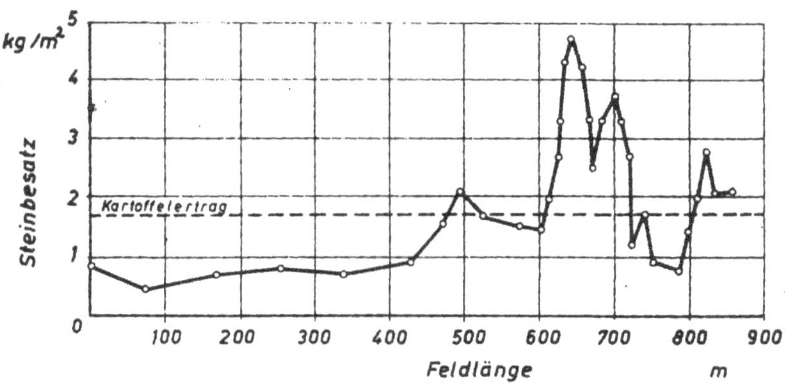

Abb. 2: Bei der Durchfahrt des Roders in Feldmitte anfallender Steinbesatz

Versuchsort: Wendisch-Priborn
Bodenart: anlehmiger Sand

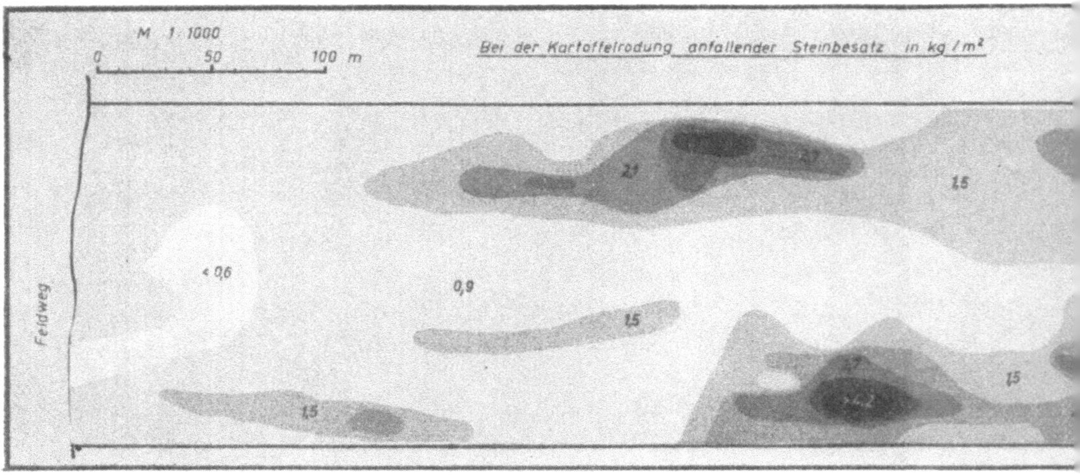

Abb. 1: Bei der Kartoffelrodung anfallender Steinbesatz (Zonen gleichen Steinbesatze

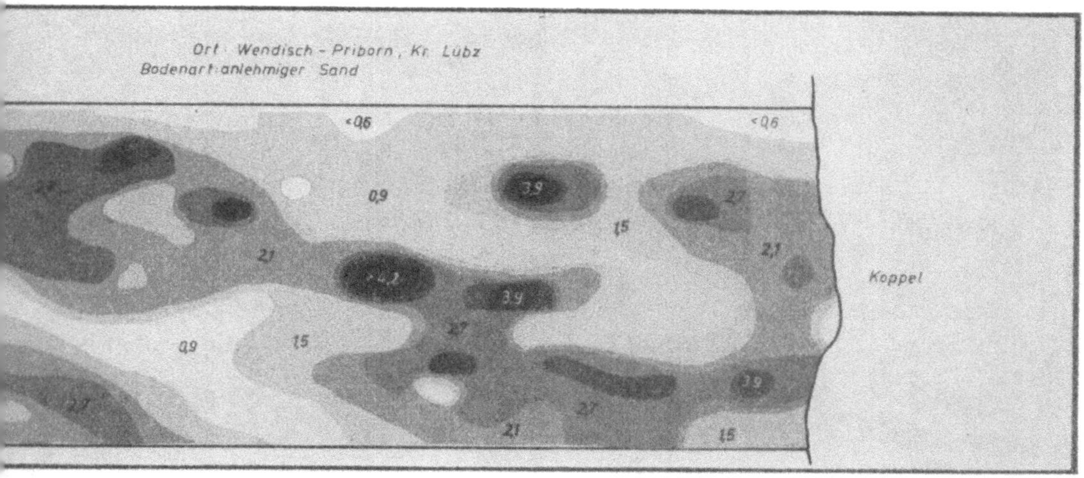
Ort: Wendisch-Priborn, Kr. Lübz
Bodenart: anlehmiger Sand
<0,6
<0,6
0,9
3,9
2,7
1,5
2,1
2,1
>4,2
3,9
Koppel
2,7
0,9
1,5
3,9
2,7
2,7
2,1
1,5

Bei einer Durchfahrt in Feldmitte ergaben sich Schwankungen im Steinbesatz bei der Ernte in dieser Rodestrecke zwischen 0,4 und 4,7 kg/m² (Abb. 2). Bezogen auf den Kartoffelertrag von 170 dt/ha beträgt der Fremdkörperanfall im Mittel des Feldes 71 Masse-% und schwankt zwischen 18 und 300 Masse-%.

2.2. Kartoffelbeschädigungen

Für die Messungen wurde ein Kartoffelsammelroder Typ E 665 (ohne Auslesekräfte) eingesetzt, der gegenüber einem Verladeroder eine differenzierte Probennahme zuläßt. Proben zur Bestimmung der Kartoffelbeschädigungen wurden von den Arbeitsgängen Roden, Verladen, Transportieren, Umschlagen am

Ausleseband,
Transportfahrzeug (Feld, unmittelbar nach Verladen),
Transportfahrzeug (nach 6 km Fahrstrecke),
Annahmeförderer T 237

entnommen. Als Transportfahrzeug wurde der Traktorenanhänger Typ TK 4 mit motorhydraulischer Kippeinrichtung eingesetzt. Die Versuche wurden ebenfalls auf einem Kartoffelschlag (anlehmiger Sand, Kartoffelsorte Pirat, Ertrag 240 dt/ha, Kraut geschlagen und vertrocknet) der LPG Wendisch-Priborn durchgeführt.
Bei einer Feldlänge von 830 m ergaben sich wiederum beträchtliche Unterschiede im Steinanfall. Eine Aufteilung ergab zwei Teilstücke von je 400 m Länge, deren Steinanfall 7 und 30 Masse-% (bezogen auf Kartoffeln gleich 100) betrug. Durch Auflegen bestimmter Steinmengen auf die Dammkrone wurde in den beiden Teilstücken jeweils der gewünschte Steinanfall erreicht. Da kein steinfreies (Beimengungsanteil 0 Masse-%) Teilstück zur Verfügung stand, wurden die anfallenden Steine für diese Messung von dem Ausleseband abgelesen. Die entsprechenden Meßergebnisse gelten also bis zum Ausleseband für 7 Masse-% Beimengungsanteil, die weiteren für beimengungsfreies Erntegut.
Die Probengröße betrug jeweils ungefähr 30 kg. Die Menge wurde vom Ausleseband abgelesen (mehrmaliges Anhalten der Maschine) und aus mehreren Schichten vom Anhänger und Annahmeförderer entnommen. Die Bestimmung der Kartoffelbeschädigungen erfolgt nach dem Tauchen in Kresollösung [1] in den Klassen

unbeschädigt
Fleischwunden $> 0 \cdots 1{,}7$ mm Tiefe
Fleischwunden $> 1{,}7 \cdots 5$ mm Tiefe
Fleischwunden > 5 mm Tiefe

durch 3 Beurteiler. Die Auswertung wurde nur massemäßig vorgenommen. Die Messungen wurden vierfach wiederholt, die Zahlenangaben sind Mittelwerte.
Eine Fraktionierung der Kartoffeln und der anfallenden Steine (Tab. 1) zeigt, daß die Kartoffeln als großknollig zu bezeichnen sind und der Anteil großer Steine ebenfalls sehr hoch ist. Beide Faktoren führen zu erhöhtem Auftreten von Kartoffelbeschädigungen.

Tabelle 1

Fraktionsanteile der Kartoffeln und Steine

Fraktion mm	Kartoffeln Masse-%	Steine Masse-%
<30	2,7	11,4
30···40	16,5	25,0
40···60	62,5	30,8
>60	18,3	32,8

Bei den Messungen ergab sich die stärkste Beschädigungszunahme im Verlaufe des Rodevorganges bis zum Ausleseband (Abb. 3). Eine weitere Zunahme verursacht das Verladen auf den nebenherfahrenden Anhänger, trotzdem sorgfältig auf Einhaltung einer minimalen Abgabehöhe geachtet wurde. Für Transport und Umschlag (Abkippen in Annahmeförderer T 237) zeigten die Messungen dagegen keine signifikante Zunahme des Beschädigungswertes.[2]

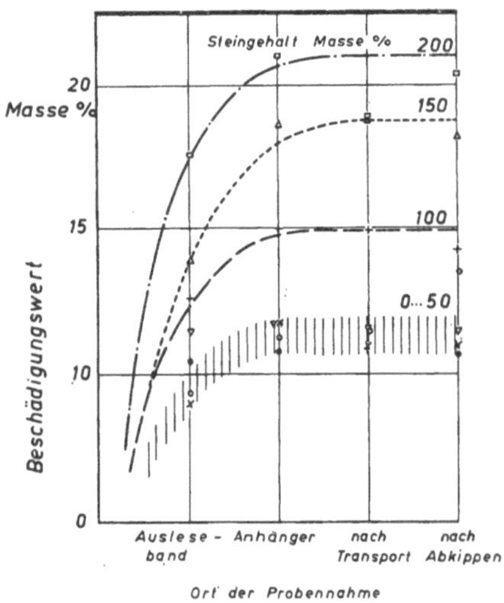

Abb. 3: Kartoffelbeschädigungen bei Ernte und Transport in Abhängigkeit vom Steingehalt des Rodegutes

Versuchsort: Wendisch-Priborn
Kartoffelsorte: Pirat
Anhängertyp: TK 4

Bis zu einem Steingehalt von 50 Mass-% ergaben die Meßreihen nur geringe Differenzen untereinander; die Streubereiche überschneiden sich. Ein darüberhinausgehender Steingehalt hat dagegen ein deutliches Ansteigen des Beschädigungswertes zur Folge. Die Meßreihen mit Steingehalten über 100 Masse-% weisen einen unvertretbar hohen Beschädigungswert aus.

[2] Zur Bestimmung des Beschädigungswertes werden die massenmäßigen Anteile der einzelnen Beschädigungsklassen mit einem Wertungsfaktor multipliziert und addiert. Der Wertungsfaktor für die Fleischwunden >0···1,7 mm Tiefe beträgt 0,1; der für Fleischwunden >1,7···5 mm Tiefe 0,3 und der für Fleischwunden >5 mm 1,0 [1].

Für die Bestimmung der Kartoffelbeschädigungen wurden nur Fleischwunden herangezogen. Eine Beeinträchtigung der Qualität — vor allem bei Speisekartoffeln — tritt aber auch durch nicht an der Oberfläche der Knollen sichtbare Schäden, z. B. Druckstellen, ein. Über das Auftreten von Druckstellen bei der Ernte mit höherem Beimengungsgehalt sind noch Untersuchungen notwendig.

Mit der Einrichtung zentraler Aufbereitungsanlagen vergrößert sich zwangsläufig die Fahrstrecke für die Kartoffeln gegenüber der Sortierung in jedem landwirtschaftlichen Betrieb, da je nach Größe der Anlage ein Einzugsbereich von 200···400 ha Kartoffelanbaufläche erforderlich ist. Die Anfuhrstrecke beträgt dabei in der Regel bis zu 6 km, kann aber in Einzelfällen diesen Betrag wesentlich überschreiten.

Um auch den Einfluß dieser Entfernungen zu erfassen, wurden weiterhin Beschädigungsbestimmungen an Rodegut durchgeführt, das über Fahrstrecken bis zu 20 km auf Feldwegen transportiert wurde. Die Ergebnisse (Tab. 2) lassen keine signifikante Zunahme der Kartoffelbeschädigungen mit Vergrößerung der Transportstrecke erkennen.

Tabelle 2

Einfluß der Transportentfernung auf die Kartoffelbeschädigungen (Steingehalt: 50 Masse-%)

Fahrstrecke	Beschädigungswert Masse-%		
km	min.	max.	M
0	12,0	12,4	12,3
6	9,9*	12,5	11,3*
20	11,3	14,5	13,3

* Die Abnahme der Beschädigungen ist scheinbar und beruht auf Streuungen der Meßwerte.

3. Folgerungen

Untersuchungen über den Steinbesatz zeigen, daß eine Handauslese der Beimengungen auf der Rodemaschine unwirtschaftlich ist, da der Steinanfall große Schwankungen aufweist. Die Anzahl der Auslesekräfte muß nach den Spitzenwerten festgelegt werden, woraus sich eine äußerst ungleichmäßige Auslastung ergibt.

Die Meßergebnisse über Kartoffelbeschädigungen durch höheren Beimengungsgehalt des Rodegutes lassen erkennen, daß die Beschädigung der Kartoffeln zum überwiegenden Teil bereits innerhalb des Roders bei den Absieb- und Transportvorgängen auftritt und auch bei Einhaltung einer minimalen Fallstufe bei dem Verladen eine weitere Beschädigungszunahme zu verzeichnen ist.

Dagegen konnte bei Transportstrecken bis 20 km und beim Umschlag (Abkippen in Annahmeförderer) keine Zunahme der Kartoffelbeschädigungen festgestellt

werden. Während zwischen Steingehalten von 0···50 Masse-% sich keine signifikanten Unterschiede für die Kartoffelbeschädigungen ergaben, nimmt bei Steingehalten über 50 Masse-% die Kartoffelbeschädigung stark zu.
Daraus ist zu folgern: ·

Die Ernte von Speise- und Pflanzkartoffeln auf Böden mit einem maximalen Steinanfall von 50 Masse-% kann mit modernen Verladerodern und stationären Beimengungsabscheidern erfolgen, wenn alle Bedingungen für geringe Kartoffelbeschädigungen (Fallhöhe beim Verladen, schonendes Entladen und Trennen) beachtet werden.

Die Ernte von Speise- und Pflanzkartoffeln mit Verladerodern auf Böden mit einem Steinanfall von mehr als 50 Masse-% ist nur möglich, wenn die Absieb- und Transporteinrichtungen (Siebketten, Ringelevator) verändert werden. Eine beschädigungsarme Ernte unter diesen Bedingungen kann nur erfolgen, wenn das Erntegut — ohne wesentliche Verschiebung der Bestandteile gegeneinander — einer Beimengungstrenneinrichtung auf dem Sammelroder zugeführt wird.

Diese Trenneinrichtung muß eine Grobabscheidung der Beimengungen — Restgehalt etwa 30 Masse-% — bei geringen Kartoffelfehltrennungen vornehmen. Dabei würde ein Abscheiden der Untergrößen ($<$ 40 mm bei Speiseware und $<$ 30 mm bei Saatware) die Beimengungstrenneinrichtung entlasten und den Abscheidungsgrad verbessern.
Der Einfluß des Beimengungsgehaltes der Rohware auf den Abscheidungsgrad der Trenneinrichtung muß gering sein, da bei annähernd gleichbleibendem Kartoffelanfall der Steinanfall stark schwankt.
Für Verladung, Umschlag und stationäre Beimengungsabscheidung würden dann ähnliche Bedingungen wie bei der Ernte bei geringem Steinbesatz bestehen.
Der höhere Aufwand für die Erntemaschine sollte aber zu Überlegungen führen, ob auf Böden mit höherem Beimengungsgehalt nicht der Verzicht vor allem auf Speisekartoffelproduktion und eine Spezialisierung auf Futterkartoffelproduktion zweckmäßiger ist.
Die Angabe des — mittleren — Beimengungsanfalles in den Agrotechnischen Forderungen ist nicht ausreichend. Er ist durch Angaben von Maximalwerten sowie der Parzellengröße, auf denen diese Werte zu messen sind, zu präzisieren.

4. Zusammenfassung

Untersuchungen über die Schwankungen des Steinanfalles bei der Kartoffelrodung im norddeutschen Endmoränengebiet liefern Kennzahlen für Beimengungstrenneinrichtungen von Erntemaschinen.
Für die Ernte von Speise- und Pflanzkartoffeln mit Verladerodern und das stationäre Abscheiden der Beimengungen ergeben sich hinsichtlich der Kartoffelbeschädigungen in Abhängigkeit vom Beimengungsgehalt Hinweise für die konstruktive Gestaltung der Roder und die mögliche Anwendbarkeit dieses Ernteverfahrens.

Резюме

Исследования по колебанию количеств камней, встречаемых при уборке картофеля в северогерманском районе конечной морены, дают данные для сепарирующих от примесей устройств картофелеуборочных машин.
Для уборки столового и посадочного картофеля картофелекопателем-погрузчиком и для стационарного отделения примесей получаются с учетом повреждения картофеля в зависимости от содержания примесей нормативы для выполнения конструкции картофелекопателей и применяемости данного метода уборки.

Summary

Studies on the deviations in the occurrence of stones on potato harvesting in the North German end morain area provide index values for harvest machinery equipment used to separate admixtures from the potatoes.
For the harvest of ware and seed potatoes with potato harvesters with loading equipment and for the stationary removal of the admixtures, coefficients as to potato damage in dependence on the percentage of admixtures may be derived for the structural layout of the harvesters and their possible application.

Literatur

[1] Baganz, K.; Ziems, K.: Untersuchungen zur Beurteilungsmethodik von Kartoffelbeschädigungen . Archiv f. Landtechn. 6 (1967) S. 21···36

[2] Kley, H.: Das Maschinensystem zur Produktion von Futter- oder Industriekartoffeln. Dt. Agrartechn. *16* (1966) S. 64···65

[3] Rösel, W.; Graichen, G.: Spezialisierte Futterkartoffelproduktion — Ernte- und Aufbereitungsmaschinen in der Kampagne 1965. Dt. Agrartechn. 16 (1966) S. 121···124

[4] —: Forschungsabschlußbericht zum Thema 368021-6-27/6. Mechanisierung im Kartoffelbau. Inst. f. Mechan. d. Landwirtsch. Potsdam-Bornim

Arch. f. Landtechnik · Bd. 7 · 1968 · H. 1 · S. 91–100 · Berlin

Aus dem Institut für Mechanisierung der Landwirtschaft Potsdam-Bornim
der Deutschen Akademie der Landwirtschaftswissenschaften zu Berlin

MANFRED TSCHIERSCHKE

Rotationsviskosimeter für grobdisperse Suspensionen

Eingegangen: 6. Juni 1967

1. Aufgabenstellung

Zur Kennzeichnung der Konsistenz von fließfähigen Futtermischungen, die auf Grund ihrer Struktur grobdisperse Suspensionen darstellen, ist es notwendig, ihre Viskosität zu ermitteln. Nach der Feststellung dieser Materialkenngröße kann man versuchen, Berechnungsmethoden für das Fließverhalten der Mischungen zu finden oder Vergleichsmethoden auf experimenteller Basis auszuarbeiten.

Es wurden deshalb bereits von mehreren Autoren [2, 3, 5] derartige Untersuchungen angestellt. Hierbei zeigte es sich, daß die Futtermischungen strukturviskos und thixotrop sind. Somit liegt keine Newtonsche, d. h. von der Größe des Schergefälles und seiner zeitlichen Einwirkung unabhängige Zähigkeit vor, sondern es muß zur Charakterisierung des Materials das Scherdiagramm (Fließkurve) herangezogen werden. Damit scheiden alle lediglich zur Bestimmung der Newtonschen Viskosität geeigneten Geräte (z. B. Kugelfall- und Kapillarviskosimeter) für den vorliegenden Verwendungszweck aus.

Von den Geräten, die zur Bestimmung der Fließkurve geeignet sind, ist das Rotationsviskosimeter am weitesten verbreitet und hat sich für die verschiedensten Anwendungsgebiete am besten bewährt [1]. Die Versuche mit Futtermischungen in den gebräuchlichen Rotationsviskosimetern brachten aber keinen Erfolg, wenn man die normale Futtermischung ohne jegliche Aufbereitung zur Messung benutzte. Infolge der geringen Spaltweite von maximal 3 mm traten Verklemmungen der Futterteilchen auf, so daß keine reproduzierbaren Meßwerte gewonnen werden konnten. Lediglich in einigen Fällen [2; 3] konnten Futtermischungen in kleinen Mengen untersucht werden. Auch für Klärschlamm wurde auf diese Weise nach einer Aussiebung der größeren Bestandteile eine Fließkurve aufgenommen [4].

Bei den in der DDR gebräuchlichen Futtermischungen führen diese Untersuchungsmethoden jedoch zu keiner allgemein gültigen Aussage [5], weil

1. infolge der Inhomogenität der Mischung eine größere Menge (möglichst 5 kg) untersucht werden muß, um einen repräsentativen Mittelwert für eine Futtermischung zu erhalten.

2. infolge der Korngröße der Futterteilchen eine größere Spaltweite (> 10 mm) erforderlich ist, um die Futtermischungen ohne vorherige Aufbereitung und damit ohne bewußte Verfälschung der rheologischen Eigenschaften messen zu können.
3. sich infolge der Entmischung während der Messung bei den üblichen glatten Zylindern eine Gleitschicht bildet, so daß nicht mehr der volle Querschnitt geschert wird.

Es bestand somit die Aufgabe, ein Rotationsviskosimeter zu bauen, das diesen Ansprüchen genügt. Um Suspensionen mit einer maximalen Stückgröße von 15 mm untersuchen zu können, muß die Spaltweite 20 mm betragen. Weiterhin ist das übliche Radienverhältnis von $Ri/Ra \geqq 0{,}85$ und das Höhen-Radienverhältnis des Innenzylinders von $h/Ri \geqq 3$ einzuhalten. Das Schergefälle soll im Verhältnis von rd. 1 : 1000 stufenlos oder nach einer geometrischen Reihe veränderlich sein und die Viskosität von $10 \cdots 10^4$ cP meßbar sein. Es sind geriffelte Meßkörper vorzusehen und das Gerät muß sich leicht reinigen und bequem demontieren lassen, wobei ein einfaches Meßprinzip zu verwenden ist, das längere Messungen in der Praxis ohne großen apparativen Aufwand und zwischenzeitliche Nacheichung gestattet.

2. Ausführung des Gerätes

Gewählt wurde der Couette-Typ mit angetriebenem Außenzylinder und Messung des Drehmomentes am reibungsarm gelagerten Innenzylinder (Abb. 1 und 2).

Auf einer Grundplatte ist die Lagerung des Außenzylinders mit angebautem Schneckentrieb aufgebaut. Mit dieser Lagerung fest verbunden ist der Teller, auf den der Außenzylinder aufgesetzt wird. Der Antrieb erfolgt mittels des neunstufigen Schaltgetriebes über eine Gelenkwelle. Der Innenzylinder ist an der abnehmbaren Brücke befestigt, die ihrerseits auf den beiden Stützen ruht. Die dritte Stütze dient zum Umsetzen des Innenzylinders während der Säuberung und Füllung des Viskosimeters (Abb. 3). In dieser Stellung kann der Außenzylinder bequem vom Antriebsteller abgehoben, gesäubert, gefüllt und wieder aufgesetzt werden. Außerdem kann man während der laufenden Messung einen zweiten Außenzylinder für die nächste Messung füllen, so daß ein fortlaufendes Arbeiten möglich ist. Das Gerät wird bis zur Oberkante des eingesetzten Innenzylinders gefüllt, wobei sich im Boden des Innenzylinders eine Luftblase zur Verminderung der Bodenreibung bildet.

Die reibungsarme Lagerung des Innenzylinders besteht aus zwei Ringschulterlagern unterschiedlicher Größe, die beide so eingebaut sind, daß sie nur Druck von unten nach oben aufnehmen. Hierdurch wird erreicht, daß die Wälzlager lediglich durch die Auftriebskraft des Innenzylinders ($\approx 9{,}5$ kp) belastet werden. Da diese Auftriebskraft infolge der stets gleichmäßigen Füllung und annähernd gleichen Dichte der zu untersuchenden Medien nur in geringen Grenzen schwankt, kann bei sauberen Lagern eine fast gleichmäßige Reibungskraft angenommen werden. Die Säuberung der fettfrei gehaltenen Lager ist bei dieser

Konstruktion ebenfalls sehr einfach, da durch Lösen einer einzigen Mutter die Skala mit Meßeinrichtung, die Brücke mit den Außenringen der Lager und die Welle mit Innenzylinder, Innenringen der Lager und Kugeln mit Kugelkäfig voneinander getrennt werden können.

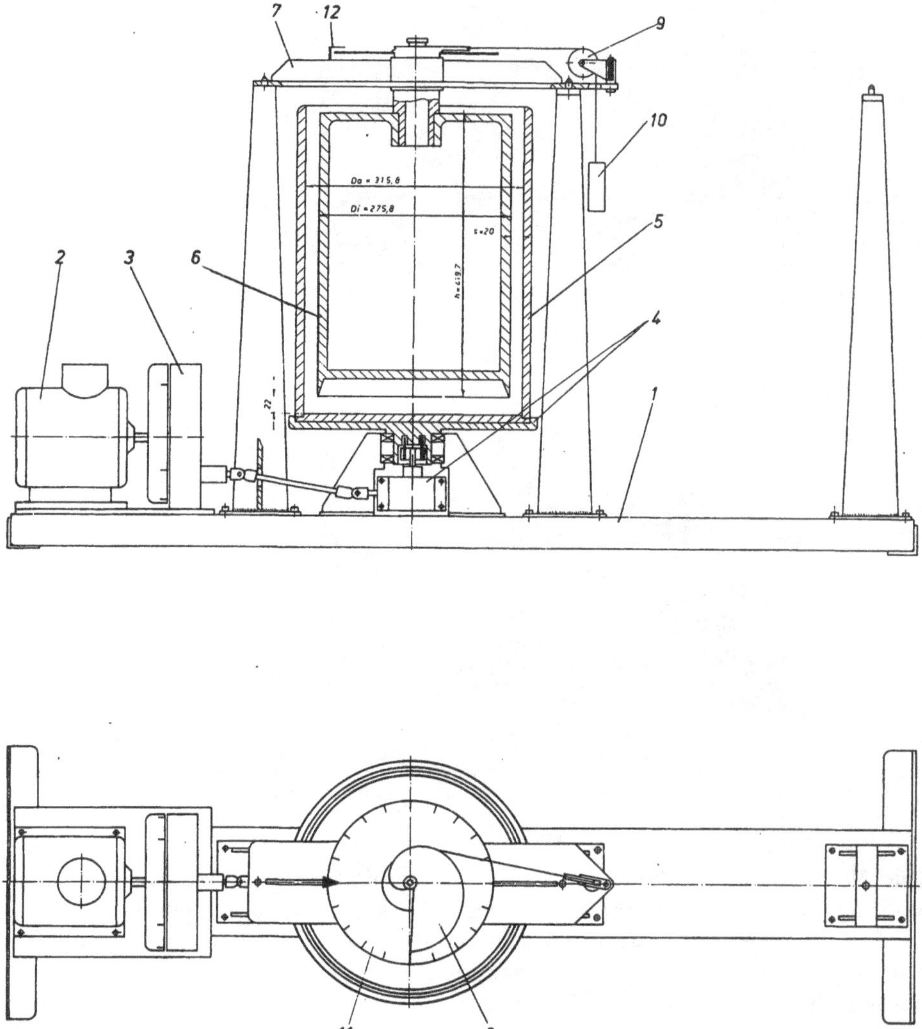

Abb. 1: Schematische Darstellung des Rotationsviskosimeters

1 Grundgestell mit Stützen;
2 Antriebsmotor;
3 Schaltgetriebe;
4 Antrieb mit Teller;
5 Außenzylinder;
6 Innenzylinder;
7 Brücke mit Innenzylinderlagerung;
8 Spirale;
9 Umlenkrolle;
10 Zuggewicht mit Seil;
11 Skala

Abb. 2: Ausgeführtes Viskosimeter in Arbeitsstellung

Abb. 3: Viskosimeter in Reinigungs- und Füllstellung

Zur Messung des Drehmomentes am Innenzylinder dient eine mit der Skala und dem Zylinder formschlüssig verbundene archimedische Spirale, mit deren Hilfe der Hebelarm eines aufgewickelten Fadens über einen Drehwinkel von 270° von 1···10 cm kontinuierlich verändert wird. Zur Vorbelastung des Fadens dienen ebenfalls im Verhältnis 1 : 10 abgestufte Massestücke für 4 Vorlasten (10 p; 100 p; 1000 p; 10000 p). Der sich bei Gleichgewicht einstellende Hebelarm oder Skalenwert, multipliziert mit der Vorlast, ergibt das Drehmoment am Innenzylinder.

Das Schaltgetriebe besitzt 9 sternförmig angeordnete Untersetzungsstufen, die wahlweise eingeschaltet werden können (Abb. 4). Die leerlaufenden und somit ins Schnelle übersetzten Stufen werden durch den Schaltnocken abgeschaltet, um die sonst auftretenden zu hohen Enddrehzahlen (bis max. $210 \cdot 10^3\ \mathrm{min}^{-1}$

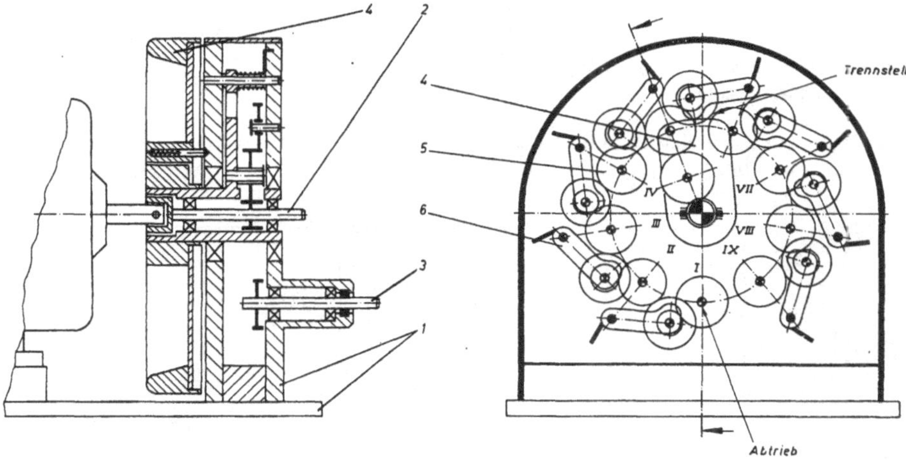

Abb. 4: Schematische Darstellung des Schaltgetriebes (gezeichnete Schaltstellung „V")

1 Gestell; 4 Schalthebel mit Schaltring und Arretierung;
2 Antrieb; 5 Zwischenrad;
3 Abtrieb; 6 Ausrückhebel mit Untersetzungsräderpaar;
I···IX Schaltstufen

möglich) zu vermeiden. Durch die 1 : 2 untersetzten Stufen ergibt sich eine geometrische Abstufung der Ausgangsdrehzahlen. Der formschlüssig angekuppelte Asynchronmotor ist kräftig dimensioniert, um auch bei Belastung die Drehzahl möglichst konstant zu halten.

Die Konstruktion der Zylinder entspricht den bisher gebräuchlichen Rotationsviskosimetern. Der Außenzylinder besitzt einen glatten Boden. Der Boden des Innenzylinders ist 32 mm eingezogen und die Außenkante angeschärft, so daß sich das Luftpolster bilden kann. Beide Zylinder sind zur Gewichtsersparnis aus Aluminium hergestellt. Der Innenzylinder ist hohl. Es wurden zwei Meßsätze hergestellt. Bei dem ersten Satz haben beide Zylinder glatte Wände und bei dem zweiten Zylinder sind Sägezahnnuten in Drehrichtung angebracht, um der Gleitschichtbildung entgegenzuwirken.

Für das Gerät ergeben sich folgende technische Daten (Abb. 1):

Abmessungen	
Wirksamer Radius des Innenzylinders (glatt):	R_i = 137,9 mm
Wirksamer Radius des Außenzylinders (glatt):	R_a = 157,9 mm
Spaltweite:	$s = R_a - R_i$ = 20 mm
Radienverhältnis:	R_i/R_a = 0,87
Wirksame Höhe des Innenzylinders:	h = 419,7 mm
Höhen-Radien-Verhältnis des Innenzylinders:	h/R_i = 3,04
Bodenabstand des Innenzylinders:	22 mm
Tiefe der Sägezahnnuten:	3 mm
Füllmenge:	≈ 9,5 Liter

Betriebswerte:

Drehzahl des Antriebsmotors (Leerlauf) = Eingangsdrehzahl des Getriebes n_0 = 1490 min^{-1}

Ausgangsdrehzahl des Getriebes $n_a = 0{,}555\,(n_0/2^{i-1}) = 825\cdots3{,}3$ min^{-1}

Drehzahl des Außenzylinders $n_A = 0{,}0146\,(n_0/2^{i-1}) = 21{,}75\cdots0{,}09$ min^{-1}

i = Getriebestufe

Winkelgeschwindigkeit des Außenzylinders $\Omega = 2\pi \cdot n/60 = 2{,}28\cdots8{,}9 \cdot 10^{-3}$ s^{-1}

Schergefälle $D = 2 \cdot \Omega/(R_a^2 - R_i^2)/R_a^2 = 0{,}075\cdots19{,}2$ s^{-1}

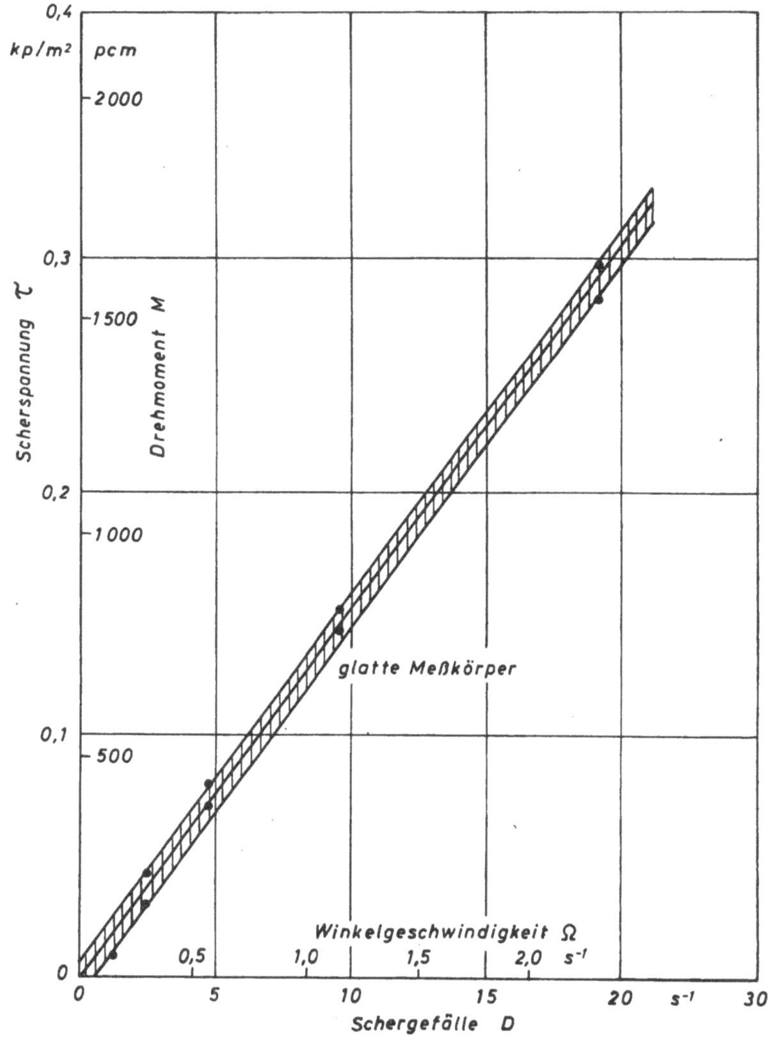

Abb. 5: Fließkurve von Glyzerin (Eichkurve), mit glatten Meßkörpern aufgenommen

$D = 8{,}43 \cdot \Omega$

$\tau = 18{,}23 \cdot 10^{-5} \cdot M$ [kp/m²]

Aus der Eichung des Gerätes mit einem Rotationsviskosimeter Typ Rheotest (VEB Prüfgerätewerk Medingen) und Glyzerin als Eichflüssigkeit wurde die Umrechnungskonstante zur Errechnung von Scherspannung (τ) und dynamischer Viskosität (η) bestimmt (Abb. 5). Gegenüber den theoretisch aus den geometrischen Abmessungen nach der Formel

$$\tau = \frac{M}{2\,\pi \cdot h \cdot R_i^2} \tag{1}$$

oder

$$\eta = \frac{\tau}{D} = \frac{M}{\Omega} \cdot \frac{1}{4\,\pi\,h} \cdot \frac{R_a^2 - R_i^2}{R_a^2 \cdot R_i^2} \tag{2}$$

errechneten Werten ergab sich für das Drehmoment M ein um rd. 9% höherer Wert, was wahrscheinlich auf die Reibung der Flüssigkeit am Boden des Innenzylinders zurückzuführen ist. Die Hysterese der Kurve ist durch die Lagerreibung des Innenzylinders bedingt. Beim Nachprüfen der Drehzahl ergab sich bis zu rd. 30000 p cm Belastung ein Abfall von 1…1,5% und bei rd. 50000 p cm Belastung eine Verringerung um rd. 3% gegenüber der Leerlaufdrehzahl.

3. Praktische Messungen

Als Beispiel für eine Messung an Futtermitteln soll ein Futtergemisch aus Trockenmischfutter und Wasser mit einem Futter-Wasser-Verhältnis von 1 : 2,5 dienen, das insgesamt 4 mal zu verschiedenen Zeitpunkten untersucht wurde. Abb. 6 a zeigt die Fließkurve $\tau = f(D)$ dieser Mischung bei der ersten Messung, die 195…210 min nach der Zubereitung mit den geriffelten Meßkörpern bei zunehmendem und abnehmendem Schergefälle vorgenommen wurde. Auf der Abb. 6 b ist die zugehörige Viskositätskurve $\eta = f(D)$ aufgetragen. Aus den Diagrammen ist ersichtlich, daß die Futtermischung eine Fließgrenze τ_0 aufweist sowie strukturviskos und thixotrop ist.
Zur Auswertung wurde die Beziehung

$$\tau - \tau_0 = k \cdot D^n \tag{3}$$

benutzt und $\tau - \tau_0 = f(D)$ in einem doppelt-logarithmischen Diagramm dargestellt (Abb. 6 c). Hierbei ergab sich ab Getriebestellung 6 des Viskosimeters (entsprechend einem Schergefälle von 0,62 s^{-1}) bis zur Getriebestellung 1 (19,2 s^{-1}) eine Gerade und somit eine gute Übereinstimmung mit dieser Gleichung (3). In Tab. 1 sind die Werte von τ_0, k und n für die untersuchte Futtermischung in Abhängigkeit von der Zeit zwischen dem Ansetzen der Mischung und der Messung (Alter der Futtermischung T) zusammengestellt. Man erkennt aus den Werten, daß besonders bei der Messung mit abfallendem Schergefälle D der Einfluß des Alters T gering ist. Als Richtwerte können für die gemessene Futtermischung eine Fließgrenze $\tau_0 = 2$ kp/m², Faktor $k = 2$ kp · s/m² und ein Exponent $n = 0{,}5$ angegeben werden.
Durch Einsetzen der Newtonschen Gleichung $\eta = \tau/D$ in die Auswertgleichung gewinnt man die Beziehung

$$\eta = \frac{\tau_0 + K\,D^n}{D}, \tag{4}$$

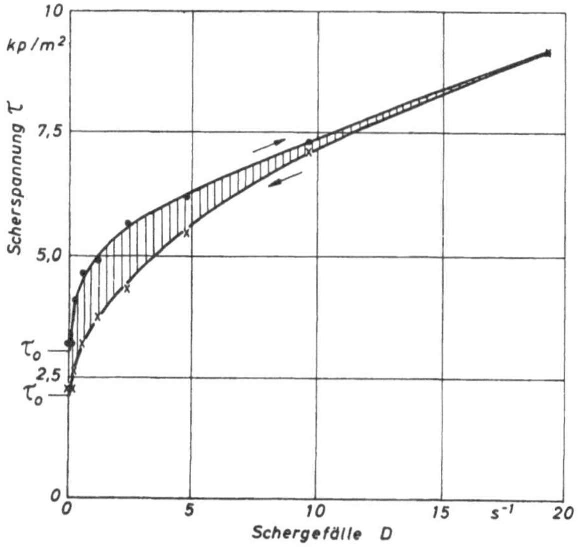

Abb. 6a: Fließkurve

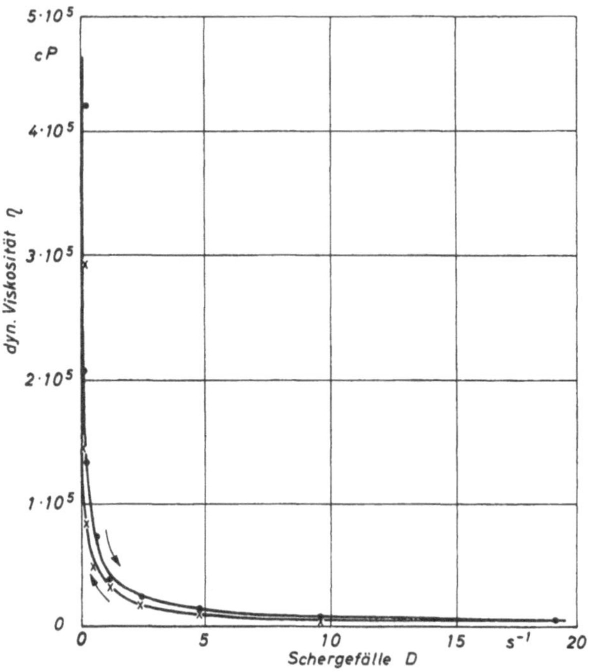

Abb. 6b: Viskositätskurve

Abb. 6: Viskoses Verhalten einer Futtermischung aus Trockenmischfutter und Wasser

Futter-Wasser-Verhältnis 1:2,5; Alter der Futtermischung 195···210 min; Temperatur 15,9 °C; Trockensubstanzgehalt 26,3%; geriffelte Meßkörper

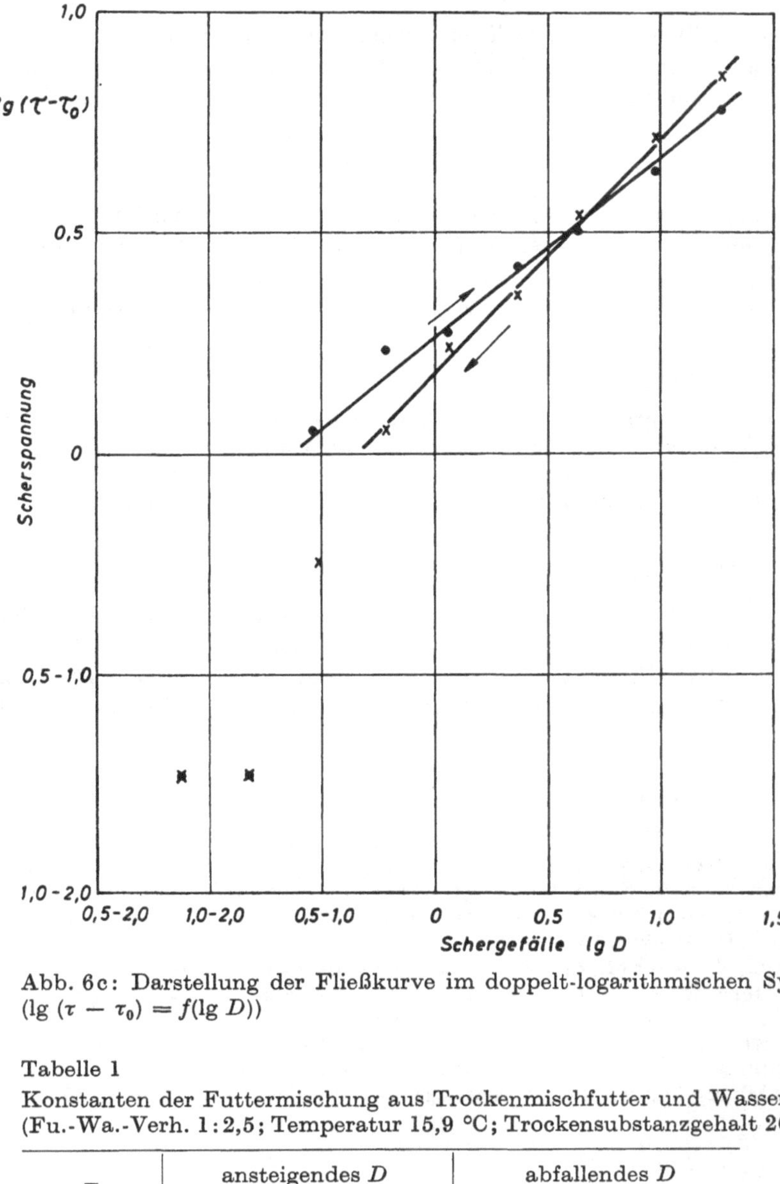

Abb. 6c: Darstellung der Fließkurve im doppelt-logarithmischen System ($\lg(\tau - \tau_0) = f(\lg D)$)

Tabelle 1

Konstanten der Futtermischung aus Trockenmischfutter und Wasser (Fu.-Wa.-Verh. 1:2,5; Temperatur 15,9 °C; Trockensubstanzgehalt 26,3%)

T	ansteigendes D			abfallendes D		
	τ_0	k	n	τ_0	k	n
min	kp/m²	kps/m²		kp/m²	kps/m²	
195···210	3,0	1,8	0,42	2,1	1,5	0,54
210···225	2,6	1,6	0,51	1,9	1,7	0,52
315···320	2,4	2,3	0,40	1,9	1,5	0,61
320···330	1,9	2,0	0,44	1,9	1,7	0,51

mit deren Hilfe die dem jeweiligen Schergefälle D entsprechende Viskosität aus den Konstanten von Tab. 1 errechnet werden kann und somit die direkte Beziehung zwischen der Fließkurve und der Viskositätskurve hergestellt ist.

4. Zusammenfassung

Es wird ein Rotationsviskosimeter beschrieben, das wegen seiner Spaltweite von 20 mm und seines einfachen Meßsystems zur Bestimmung der Fließkurve von grobdispersen Suspensionen dienen kann. Als Beispiel für eine praktische Messung ist die Fließkurve einer fließfähigen Futtermischung angeführt.

Резюме

Описывается ротационный вискозиметр, могущий на основании ширины щели — 20 мм — и простой системы измерения служить для определения кривой текучести грубодисперсных суспензий. В качестве примера практического измерения приведена кривая текучести текучей кормовой смеси.

Summary

A description is given of a rotation viscometer which, because of its slot width of 20 mm and its simple system of measurement, may be used for the determination of the flow curve of coarsely dispersed suspensions. The flow curve of a flowable feed mixture is put forward as an example for practical measurement.

Literatur

[1] HEINZ, W.: Rheologie und Rheometrie mit Rotationsviskosimetern. Herausgeber Gebr. Haake K.G., Berlin, Vertrieb durch Springer-Verlag Berlin

[2] LICHATSCHOW, F. S.: O vjazkosti kormovych smesej. (Zur Viskosität von Futtermischungen.) Sbornik naučnotechničeskoj informacii po elektrifikacii sel'skochoz. 18. Moskva 1964, 8···11

[3] LAJA, V.: Nuumikute vedelsööda viskoossusest. (Zur Viskosität von fließfähigen Futtermischungen für Mastschweine.) Sbornik naučnych trudov Estonskoj sel'skochozjajstvennoj akademii, Tartu

[4] ANNEN, G.: Strömung von Klärschlamm. Diss. T.H. Karlsruhe 1961.

[5] TSCHIERSCHKE, M.: Das Verhalten fließfähiger Futtermischungen beim Durchfluß durch horizontale Rohrleitungen. Archiv für Landtechnik 4 (1963/64) S. 177

Arch. f. Landtechnik · Bd. 7 · 1968 · H. 1 · S. 101—109 · Berlin

Aus dem Institut für Mechanisierung der Landwirtschaft Potsdam-Bornim
der Deutschen Akademie der Landwirtschaftswissenschaften zu Berlin

ERWIN TUREK

Druckabfallmessung beim Belüften einzelner Heuballen

Eingegangen: 24. April 1967

1. Aufgabe

Die Belüftungstrocknung von Halbheuballen gewinnt für die Bereitstellung von hochwertigem Grundfutter an Bedeutung. Zur Abdeckung des erforderlich hohen Trockenmassebedarfs wird in den Jahren bis 1970 mit einem täglichen Heuverzehr von 5 kg und bis 1980 mit etwa 4 kg je RGV zu rechnen sein [9]. Um die hohen Nährstoffverluste und den Arbeitsaufwand zu senken, wird u. a. gefordert, Hochdrucksammelpressen bei Welkgut mit einem Wassergehalt[1] von 40···50% einzuführen [1, 6, 8]. Eine ausreichende und wirtschaftlich vertretbare Belüftungstrocknung der Halbheuballen ist eine unbedingte Voraussetzung für die Verwirklichung dieser Forderung.
Bereits in der Literatur [5] wird auf die Notwendigkeit exakter Kenntnisse über den Strömungswiderstand landwirtschaftlicher Güter für die Belüftungstechnik hingewiesen. Aussagen über strömungstechnische Eigenschaften von Heuballen mit einem Wassergehalt bis 60% und einer Dichte bis etwa 300 kg/m³ sind für die Bemessung der Belüftungsanlagen, der Einlagerungsart und der Luftführung von besonderem Interesse. Es ist zu erwarten, daß beerits ausreichende Kenntnisse über das Widerstandsverhalten der Einzelballen zur Klärung des aufgeworfenen Problems beitragen können. Die in der Literatur erwähnten Trocknungsversuche [4, 7] mit Heuballen sind überwiegend allgemeiner Art und für die Beschreibung des Strömungsverhaltens einzelner Ballen und Ballenschüttungen nicht ausreichend.
In den bekannten theoretischen Arbeiten [5] wird der Strömungswiderstand beim Belüften von Körner- und Hackfrüchten eingehend beschrieben. Für halm- und blattförmige Erntegüter wird der Zusammenhang von Druckverlust, Luftgeschwindigkeit und Schüttgewicht vereinfacht dargestellt. MATTHIES gibt als Gebrauchsformel an:

$$\Delta p = C_4\, h\, \varrho_s^k\, \eta^{2-n}\, \varrho_l^{n-1}\, w^n \tag{1}$$

Hierin bedeuten:

Δp	in kp m^{-2}	Druckverlust in der Schüttung;
C_4		Stoffbeiwert (dimensionslos);
h	in m	Schütthöhe;
ϱ_s	in kg m^{-3}	Schüttdichte der Schüttung (einschließlich ihrer Hohlräume);
η	in kg s^{-1} m^{-1}	dynamische Viskosität der Luft;
ϱ_l	in kg m^{-3}	Dichte der Luft;
w	in m s^{-1}	Luftgeschwindigkeit.

[1] Die Angaben über den Wassergehalt beziehen sich auf die Feuchtmasse.

Die ermittelten Zahlenwerte für den Stoffbeiwert C_4 sowie für die Exponenten k und n gelten auch in diesem vereinfachten Zusammenhang nur für die angegebenen Versuchsbedingungen.

Von allgemeinem Interesse ist daher die Beantwortung der Frage, inwieweit der von Hochdruckpressen hergestellte Halbheuballen als besondere Schüttung und als Schüttkörper mit den üblichen Halmgutschüttungen in Bezug auf sein Widerstandsverhalten vergleichbar ist.

2. Versuchsanlage und Meßverfahren

Die Aufgabe, den Strömungswiderstand in Abhängigkeit von der Luftgeschwindigkeit zu messen, macht es erforderlich, eine Versuchsanlage herzustellen, die es ermöglicht,

1. den Druckabfall und die Luftgeschwindigkeit schnell und gleichzeitig zu messen, um Strukturveränderungen im Ballen, u. a. durch Wasserabgabe, und Geschwindigkeitsschwankungen zu vermeiden;
2. Luftgeschwindigkeiten von etwa 0,05 m/s hinreichend genau zu messen und
3. die Versuche mit Ballen unterschiedlicher Abmessungen durchzuführen.

Für die Bestimmungen der Luftgeschwindigkeiten kommen Blendenmessungen in Frage. Es stellte sich heraus, daß die Messung kleiner Luftgeschwindigkeiten das schwierigste versuchstechnische Problem darstellt.

Für den bei der Belüftung in Frage kommenden Bereich der Luftgeschwindigkeit von etwa 0,05···0,3 m/s und den aus praktischen Erwägungen gewählten Strömungsquerschnitten der Ballenkammer und der Blendenmeßstrecke ergibt sich der Bereich für die Reynolds-Zahl $Re = 7 \cdot 10^3 \cdots 5 \cdot 10^4$. Für diese relativ kleinen Reynolds-Zahlen können die in Durchflußmeßregeln festgelegten Normblenden nicht verwendet werden. Für eine Normblende mit dem Öffnungsverhältnis $m = 0{,}25$ liegt die Toleranzgrenze der Durchflußzahl bei $Re = 8{,}5 \cdot 10^4$ und kennzeichnet die untere Einsatzgrenze. Für die Versuchsanlage muß daher eine doppeltabgeschrägte Blende für kleinere Reynolds-Zahlen entwickelt werden.

Zur Vermeidung von Störungen, besonders im unteren Geschwindigkeitsbereich, werden die Ein- und Auslaufstrecken der Blende um etwa 20% gegenüber den Normwerten erhöht und glattwandiges PVC-Rohr zur weitgehenden Vermeidung des Einflusses der Rohrrauhigkeit verwendet.

Die Ballenkammer wird so gewählt, daß einerseits die recht erhebliche Streuung der Ballenabmessung (Abb. 1) berücksichtigt werden kann, andererseits der Freiraum zwischen Ballen und Kammer möglichst klein gehalten wird. Ein doppelwandiger Folienschlauch, der um den Ballen gelegt und mit Luft gefüllt wird oder entsprechend den Abweichungen abgestufte Holzeinsätze füllen den jeweiligen Zwischenraum.

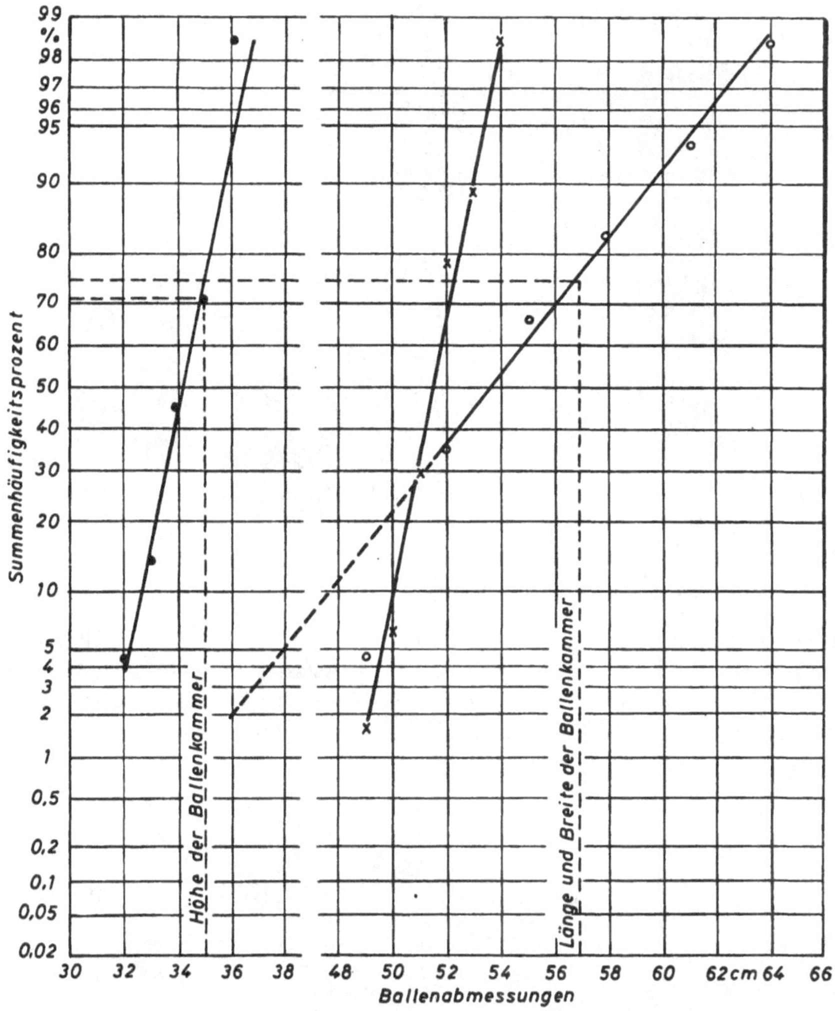

Abb. 1: Streuung der Ballenmaße und gewählte Abmessungen der Ballenkammer

Häufigkeitsverteilung von 65 Wiesengrasballen der Hochdrucksammelpresse K 442

● Ballenhöhe; × Ballenbreite; ○ Ballenlänge

Die gewonnenen Abmessungen für die Ballenhöhe und -breite wurden in Klassen mit 1 cm Klassenspielraum, die für die Ballenlänge in Klassen mit 2 cm Klassenspielraum zusammengestellt. Die Meßpunkte stellen somit die Klassenmitten dar.

Die für die Messung verwendete Versuchseinrichtung hat folgenden Aufbau (Abb. 2):

Die Druckerzeugung erfolgt mittels Radialgebläse (1), das durch die Blendenmeßstrecke (2) mit der Ballenkammer (3) verbunden ist. Der Ballenkammer ist ein Ansaugtrichter (4) zur Vermeidung von Wirbelerscheinungen vorgeschaltet.

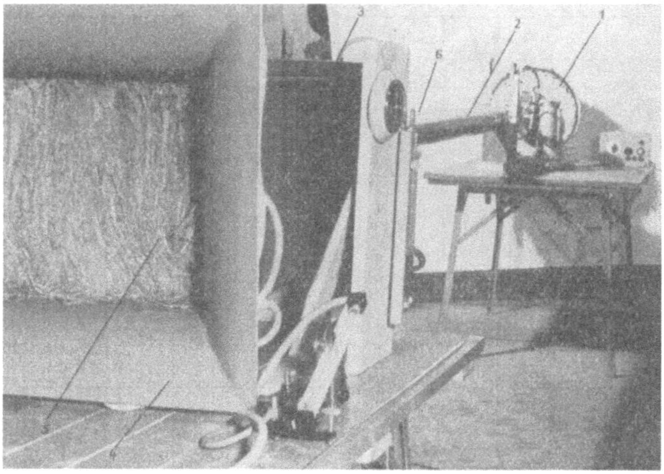

Abb. 2: Versuchsanlage für Druckabfallmessungen beim Belüften einzelner Heuballen

1. Radialgebläse;
2. Blendenmeßstrecke;
3. Ballenkammer;
4. Ansaugtrichter;
5. Ballen;
6. U-Rohrmanometer

Der durch den Ballen (5) verursachte Druckabfall wird unmittelbar hinter dem Ballen mit einem U-Rohrmanometer (6) gemessen. Für die Druckentnahme ist am hinteren Teil der Ballenkammer ein Meßrahmen mit acht Druckabnahmestutzen angebracht, die zu einer Ringleitung vereinigt und mit dem U-Rohrmanometer verbunden werden.

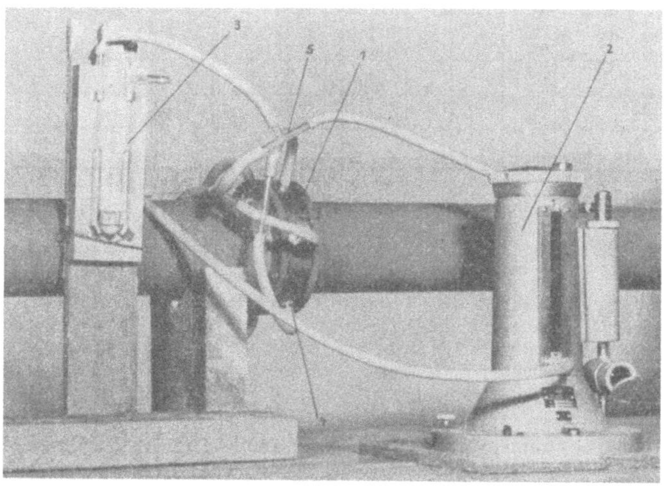

Abb. 3: Blendenmeßeinrichtung für die Durchflußmessung

1. Blende;
2. Wassersäulenminimeter;
3. U-Rohrmanometer;
4. Druckabnahmestutzen;
5. Ringleitung

Der Luftdurchgang wird als Blendenwirkdruck gemessen (Abb. 3). Die durch die Blende (1) verursachte Druckdifferenz wird mit einem Wassersäulenminimeter (2) und der absolute Druck vor der Blende mit einem U-Rohrmanometer (3) gemessen. Die Druckentnahme erfolgt unmittelbar vor und hinter dem Drosselgerät durch jeweils drei Druckabnahmestutzen (4), die um 120° gegeneinander versetzt sind und zu einer Ringleitung (5) miteinander verbunden werden.

Aus den Meßwerten für den Wirkdruck läßt sich unter Berücksichtigung des Luftzustandes die Luftgeschwindigkeit mit Hilfe der Bernoullischen Gleichung und der Stetigkeitsgleichung bestimmen [3].

Für technische Versuche gilt nach TGL 0-1952 der mathematische Ausdruck:

$$w = 3{,}48 \cdot 10^{-6} \alpha \cdot \varepsilon \cdot m \cdot D_t^2 \sqrt{\frac{1}{\varrho_1}} \sqrt{P_1 - P_2} \cdot \frac{1}{F} \tag{2}$$

Hierin bedeuten:

w	$m\,s^{-1}$	Geschwindigkeit der Luft im Querschnitt F;
α		Durchflußzahl;
ε		Expansionszahl;
m		Öffnungsverhältnis der Blende;
D_t	mm	Rohrdurchmesser;
ϱ_1	$kg\,m^{-3}$	Dichte der Luft;
$P_1 - P_2$	$kp\,m^{-2}$	gemessener Wirkdruck;
F	m^2	Strömungsquerschnitt.

Der einer bestimmten Luftmenge entsprechende Wirkdruck wird mit Hilfe eines Schiebers am Gebläse eingestellt. Die Temperatur der Luft wird unmittelbar vor der Ballenkammer gemessen.

3. Eichergebnis

Zur Bestimmung der Durchflußzahl α für die doppeltabgeschrägte Blende macht sich die Eichung der Blendenmeßstrecke erforderlich. Für diesen Zweck wird ein Drehkolbengaszähler vom Typ GZDNAB 300 der Firma Gaselan Fürstenwalde für die Durchflußmessung eingesetzt.

Das Ergebnis dieser Messungen (Abb. 4) bestätigt die Verwendbarkeit der Blende für die Messung der Luftgeschwindigkeit im interessierenden Meßbereich. Die Konstanzgrenze liegt bei $Re = 1{,}5 \cdot 10^4$. In dem Bereich der Reynolds-Zahl $Re = 1{,}3 \cdot 10^4 \cdots 5 \cdot 10^4$, der dem Geschwindigkeitsbereich im freien Querschnitt der Ballenkammer $w_K = 0{,}07 \cdots 0{,}3$ m/s entspricht, ist die Durchflußzahl annähernd konstant. Für diesen Teil des Meßbereiches, der im folgenden als Meßbereich 1 bezeichnet werden soll, gilt $\alpha_1 \approx 0{,}71$. Lediglich in dem kleinen Teil des Meßbereiches, der der Luftgeschwindigkeit $w_K = 0{,}04$ bis 0,07 m/s entspricht, liegt eine eindeutige Abhängigkeit der Durchflußzahl von der Reynolds-Zahl vor. Für die vorliegende Aufgabenstellung ist die Annahme eines konstanten Mittelwertes auch für diesen untersten Bereich der Messungen vertretbar, zumal in diesem nur 1 oder 2 Meßpunkte je Meßreihe liegen. Für diesen Teil des Meßbereiches, der im folgenden als Meßbereich 2 bezeichnet wird, gilt

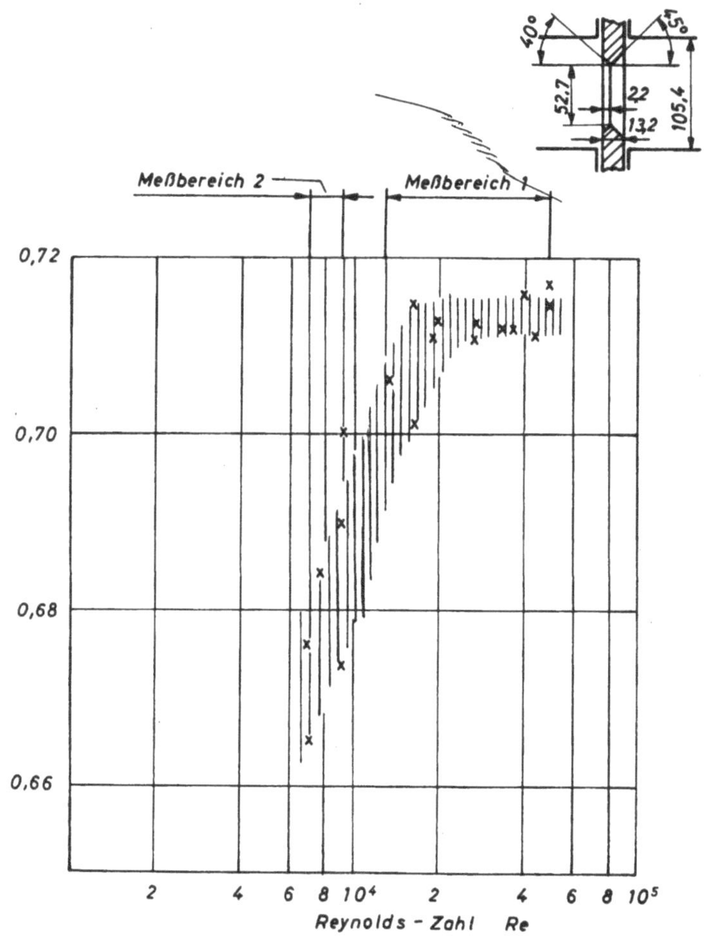

Abb. 4: Durchflußzahl α in Abhängigkeit von der Re-Zahl

Eichwerte für die Durchflußzahl der doppeltabgeschrägten Blende mit dem Öffnungsverhältnis $m = 0{,}25$ und den in der Maßskizze angegebenen Abmessungen

$\alpha_2 \approx 0{,}68$. Für die zwischen diesen Bereichen liegenden Re-Zahlen konnten aus versuchstechnischen Gründen keine Werte für die Durchflußzahlen ermittelt werden. Es wird der in Abb. 4 dargestellte Verlauf der Abhängigkeit vermutet.

4. Versuchsergebnis

Die bisherigen Druckabfallmessungen wurden an einem Wiesengrasballen und an einem Luzerneballen durchgeführt. Der Druckabfall wurde bei Luftgeschwindigkeiten $w_K = 0{,}043 \cdots 0{,}3$ m/s gemessen. Die Angaben bezüglich der Luftgeschwindigkeit beziehen sich auf den freien Querschnitt der Ballenkammer.

Aus der modernen Strömungslehre ist bekannt, daß bei laminarer Strömung der Druckverlust in Rohren proportional der Strömungsgeschwindigkeit ist. Bei turbulenter Strömung hingegen liegt eine quadratische Abhängigkeit des Druckverlustes von der Strömungsgeschwindigkeit vor [2]. Die Druckabfallmessungen in Abhängigkeit von der Luftgeschwindigkeit (Abb. 5) weisen eine konstante Abhängigkeit des bezogenen Druckverlustes von der Luftgeschwindigkeit für den gesamten Meßbereich aus. Für Ballen verschiedener Gutarten nehmen die Exponenten der Luftgeschwindigkeit unterschiedliche Werte an. Für den Wiesengrasballen wurde der Exponent der Luftgeschwindigkeit $n \approx 1{,}59$ und für den vergleichbaren Luzerneballen $n \approx 1{,}75$ ermittelt. Daraus läßt sich einiges über den Grad der Turbulenzerscheinung beim Durchströmen der Ballen aussagen.

Der Strömungswiderstand des Wiesengrasballen ist 2,5 bis 3 mal größer als der des Luzerneballens mit etwa der gleichen Dichte und dem gleichen Wassergehalt.

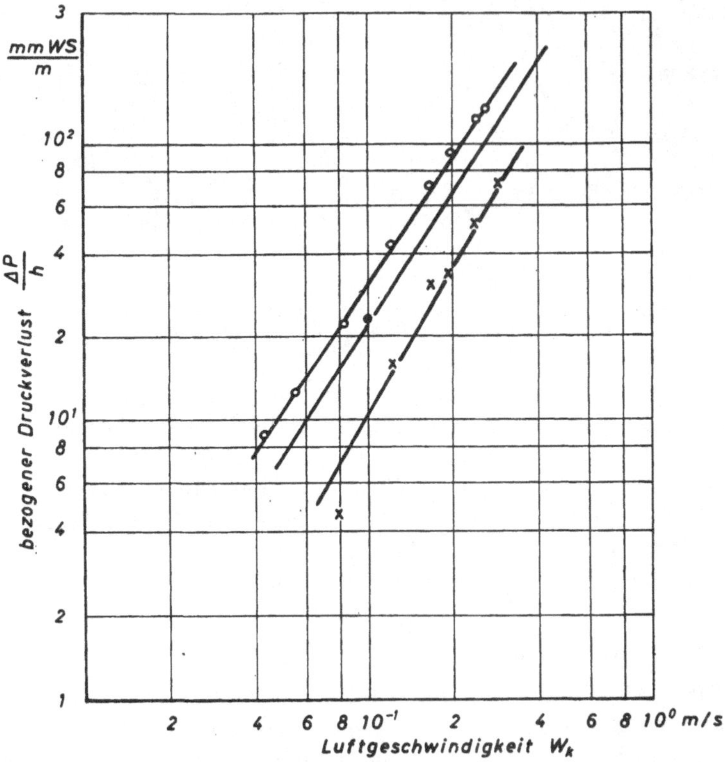

Abb. 5: Abhängigkeit des auf die Ballenlänge h bezogenen Druckverlustes von der Luftgeschwindigkeit

× Luzerneballen mit dem Wassergehalt von etwa 13% und der Dichte von etwa 170 kg/m³;

○ Wiesengrasballen mit dem Wassergehalt von etwa 14% und der Dichte von etwa 180 kg/m³;

● errechnete Vergleichswerte für eine Luzerneschüttung mit einem Wassergehalt von etwa 20% und Schüttdichten von 41···102 kg/m³

Offensichtlich sind im Luzerneballen der gleichen Dichte größere zusammenhängende Hohlräume als in dem vergleichbaren Wiesengrasballen, die den Luftdurchgang begünstigen. Diese Vermutung läßt sich mit dem relativ hohen Stengelanteil (Abb. 6) und der dadurch bedingten größeren Struktur des Luzerneballens erklären. Im Wiesengrasballen dagegen tritt eine größere Verflechtung des blattreichen und feineren Gutes auf.

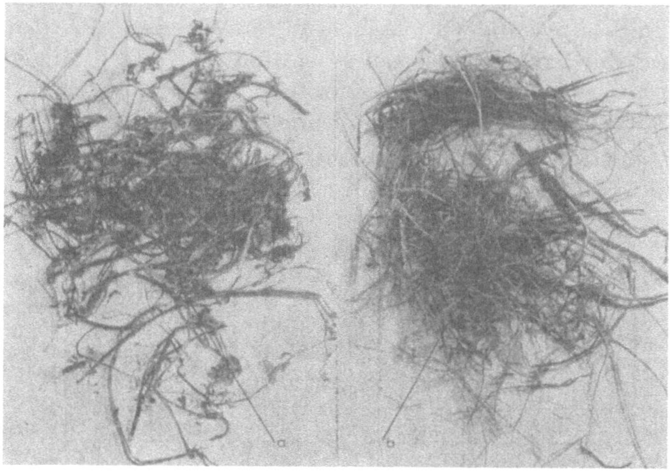

Abb. 6: Gutstruktur der Ballen

a — Gutzusammensetzung des untersuchten Luzerneballens. Hoher Anteil grober und langer Stengel;
b — Gutzusammensetzung des untersuchten Wiesengrasballens. Hoher Anteil feiner Blatteile

Vergleichsweise wurde für Luzerneschüttungen mit einem Wassergehalt von 20% und Schüttdichten von 41 bis 102 kg/m^3 der Druckverlust in Abhängigkeit von der Geschwindigkeit nach der von MATTHIES aufgestellten Gebrauchsformel Gl. (1) für halm- und blattförmige Erntegüter berechnet. Diese Werte für den Druckverlust sind etwa zweimal größer als die vergleichbaren Werte der durchgeführten Druckabfallmessung. Weitere Versuche sollen diese ersten Aussagen über den Strömungswiderstand von Heuballen ergänzen.

5. Zusammenfassung

Für die Druckabfallmessung beim Belüften einzelner Heuballen wird eine Versuchsanlage beschrieben. Die Eignung der Blendenmeßstrecke mit einer doppelt abgeschrägten Blende für Messungen relativ kleiner Luftgeschwindigkeiten wird nachgewiesen.

Erste Ergebnisse über Druckabfallmessungen beim Belüften einzelner Heuballen werden mitgeteilt und mit bekannten Werten aus der Literatur verglichen. Der gemessene Strömungswiderstand eines Wiesengrasballen ist etwa 2,5 bis 3 mal höher als der eines vergleichbaren Luzerneballens.

Резюме

Дано описание опытной установки для измерения падения давления при активпой вентиляции отдельных тюков сена. Доказана пригодность измерительного устройства с диафрагмой двухстороннего укоса пропускного отверстия для измерения относительно небольших скоростей движения воздуха. Сообщаются и сопоставляются с известными из литературы данными первые результаты измерения падения давления при активпой вентиляции отдельных тюков сена. Установленное сопротивление, оказываемое потоку воздуха тюком из луговой травы, в 2,5 до 3 раза превышает сопротивление сравнимого тюка из люцерны.

Summary

A description is given of an experimental model for measuring the pressure drop on ventilation of single hay bales. Prove is given for the suitability of a twice tapered orifice within the tube for measuring relatively small wind velocities. Preliminary results on pressure drop measurement on ventilation of single hay bales are communicated and compared with known data from the relavant literature. The measured airflow resistance of a meadow grass bale is about 2.5···3 times higher than that of a comparable alfalfa bale.

Literatur

[1] Beck, W.: Erfahrungen mit der Heubrikettierung in der Volksrepublik Ungarn. Vortragsmanuskript, Tagung der KdT in Magdeburg 1966 (unveröffentlicht)

[2] Eck, B.: Strömungswiderstand in Rohren. In: Technische Strömungslehre. Berlin: Springer 1954, S. 117···118

[3] Eck, B.: Messung mit Düsen, Blenden und Venturirohren. In: Technische Strömungslehre. Berlin: Springer 1954, S. 393···406

[4] Heimbürge, H.: Erfahrungen bei der Belüftung von Halbheuballen. Feldwirtschaft 5 (1966) S. 257···259.

[5] Matthies, H. J.: Der Strömungswiderstand beim Belüften landwirtschaftlicher Güter. VDI-Forsch.-Heft 454, Düsseldorf

[6] Nischwitz, J.: Einfluß der Verfahren der Heuwerbung auf Trocknungsverlauf, Verluste und Arbeitsaufwand. Vortragsmanuskript, Tagung der KdT in Magdeburg 1966, (unveröffentlicht)

[7] Shepperson, G.: Artificial drying of balled hay. In: Journal of Agricultural Engineering Research. 3 (1958), S. 153···161 u. S. 214···225

[8] Thurm, R.: Möglichkeiten und Grenzen der Häcksel- und Preßgutlinien in der Heuernte. Vortragsmanuskript, Tagung der KdT in Magdeburg 1966, (unveröffentlicht)

[9] Wojahn, N.: Entwicklungstendenzen und Probleme der Winterfütterung in der DDR. Vortragsmanuskript, Tagung der KdT in Magdeburg 1966, (unveröffentlicht)

Arch. Landtechnik · Bd. 7 · 1968 · H. 1 · S. 111–120 · Berlin

Aus der Zentralen Prüfstelle für Landtechnik Potsdam-Bornim
des Staatlichen Komitees für Landtechnik und mat.-techn. Versorgung der Landwirtschaft

HERBERT ZSCHUPPE

Untersuchungen über den Einfluß der Streugenauigkeit von Düngerstreuern auf den Pflanzenertrag

Eingegangen: 24. April 1967

1. Allgemeines

1.1. Problemstellung

Die Arbeitsqualität eines Düngerstreuers wird im wesentlichen durch den einstellbaren Streumengenbereich und die Streugenauigkeit bestimmt. Während für die Streumengen genaue, vom Düngebedürfnis und der Nährstoffaufnahme der jeweiligen Kulturpflanze abhängige Werte bekannt sind, beruhen die Forderungen an die Streugenauigkeit der Maschine auf Annahmen, Beobachtungen oder Ertragswertberechnungen. Obwohl die Arbeitsqualität in exakt meßbaren Größen als relative Abweichung gemessener Teilmengen von der durchschnittlichen Streumenge angegeben werden kann, ist es nicht möglich, den Einfluß einer bestimmten Streugenauigkeit (Abweichung) auf den Ertrag, d. h. auf eine erst zu einem späteren Zeitpunkt meßbare Größe, vorauszusagen. Düngeversuche mit der Fragestellung nach noch zulässigen Abweichungen von der mittleren Streumenge sind nicht bekannt. Dieser Mangel ist besonders seit Einführung des Schleuderstreuers fühlbar geworden, dessen bekannte Vorteile mit Zugeständnissen an die Streugenauigkeit erkauft werden. Entscheidend ist dabei die Frage, ob die Streugenauigkeit des Schleuderstreuers unter den Einsatzbedingungen der landwirtschaftlichen Praxis ausreicht oder ob entscheidende konstruktive Veränderungen notwendig und gerechtfertigt sind, um Ertragsminderungen zu vermeiden.

1.2. Wertzahlen zur Charakterisierung der Streugenauigkeit

Es ist allgemein üblich, zur Kennzeichnung der Streugenauigkeit die Abweichungen der auf Auffangflächen bestimmter Größe festgestellten Düngermengen auf die mittlere Streumenge zu beziehen. Das am einfachsten zu bestimmende Abweichungsmaß ist der aus der maximalen Abweichung errechnete Relativwert

$$A_{\max} = \frac{x_{\text{extr}} - \bar{x}}{\bar{x}} \cdot 100 \qquad (1)$$

Mit x_{extr} werden dabei der maximale und minimale Einzelwert und mit $\bar{x}$ das arithmetische Mittel der Meßwerte bezeichnet.

Für Meßreihen mit mehr als 12 Einzelwerten ist diese Wertzahl jedoch ungeeignet [5], kann aber neben der mittleren quadratischen oder der durchschnitt-

lichen Abweichung, die alle Einzelwerte berücksichtigen, zur Kennzeichnung der Extremwerte herangezogen werden.
Aus der mittleren quadratischen Abweichung

$$s = \sqrt{\frac{\Sigma x_i^2 - \Sigma x_i \cdot \bar{x}}{n-1}} \tag{2}$$

wird der Variationskoeffizient

$$s\,\% = \frac{s}{\bar{x}} \cdot 100$$

ermittelt.

Mit x_i werden die Streifenmittelwerte – jeder Wert für x_i ist der Mittelwert aus 3···5 Wiederholungen – und mit n die Anzahl der Streifenmittelwerte bezeichnet.

An Stelle des Variationskoeffizienten ist es auch üblich, die relative durchschnittliche Abweichung

$$l\% = \frac{1}{\bar{x}} \frac{\Sigma (x_i - \bar{x})}{n} \cdot 100$$

zu berechnen. Sie ist nach WEBER [5] jedoch weniger gut geeignet als der Variationskoeffizient.

1.3. Anforderungen an die Streugenauigkeit

Die errechneten Wertzahlen sind außerdem von der Größe der Auffangfläche abhängig. Deshalb weichen die von verschiedenen Autoren genannten Wertzahlen für die Streugenauigkeit voneinander ab. Die folgenden Werte sind aus der Literatur entnommene Minimalforderungen. Als Grenzwert sieht HEYDE [1] auf Grund von Ertragswertberechnungen bei Auffangflächen von 20 cm × 20 cm eine Abweichung $A_{\max} = \pm 50\%$ an. HOLLMANN [2] schlägt als noch zulässigen Grenzwert eine relative durchschnittliche Abweichung (l %) von ± 20% vor, während PRUMMEL und DATEMA [4] einen Variationskoeffizienten $s\% = \pm 35\%$ als obere Grenze bezeichnen. Von anderen Autoren genannte Anforderungen liegen bei niedrigeren relativen Abweichungen.

In den RGW-Ländern wurden für Abweichungen folgende Grenzwerte vereinbart: Beim Streuen von granulierten Düngemitteln (hauptsächlich N-Dünger) $s\% = \pm 20\%$ und beim Streuen feinkörniger Düngermittel (hauptsächlich Grunddünger) $s\% = \pm 30\%$ [7].

2. Untersuchungen über den Einfluß der Streugenauigkeit

2.1. Versuchsdurchführung

Zur Klärung der Frage nach der zu fordernden Streugenauigkeit, die das Risiko eines Ertragsrückganges mit hoher Wahrscheinlichkeit ausschließt, wurden zweijährig pflanzenbauliche Versuche mit abgestufter Streugenauigkeit durchgeführt [6]. Bei diesen Versuchen mußten alle in Frage kommenden Einflußfaktoren so gewählt werden, daß eine möglichst deutliche Reaktion auf die unterschiedliche Streugenauigkeit zu erwarten war. Aus diesem Grunde wurden die Versuche mit Stickstoff gedüngt. Wegen des für Getreide charakteristischen depressiven Ertragsverhaltens bei steigender Stickstoffdüngung erwies sich Winterroggen als geeignet für derartige Versuche. Der Winterroggen weist außerdem versuchstechnische Vorteile auf, da er als Grünfutter geerntet werden kann und in der Regel eine hohe Stickstoffgabe erhält. Vergleichsweise wurde in einem Großversuch auch der Kornertrag des Winterroggens bei unterschiedlicher Streugenauigkeit festgestellt. In Abhängigkeit von der durchschnittlichen Streumenge ist ein unterschiedlicher Einfluß der Abweichungen auf den Ertrag zu erwarten [3]. Die Versuche mit Grünfutterroggen erhielten deshalb Stickstoffgaben von 60 und 120 kg N/ha. Der zum Ausreifen bestimmte Roggen des Großversuches wurde mit durchschnittlich 50 kg N/ha gedüngt. Die Unterschiede im Ertragsverhalten und im Nährstoffgehalt der Ackerböden fanden durch Auswahl von drei typischen Standorten Berücksichtigung. Die Versuche lagen auf Sandboden in Bornim, Kreis Potsdam, auf anlehmigem Sand und sandigem Lehm in Tremmen, Kreis Nauen, und auf Lößlehm in Bad Lauchstädt, Kreis Merseburg.

Da die Versuchsanstellung dem Einfluß von unterschiedlichen Abweichungen auf den Ertrag galt, wurden Abweichungsstufen 0, 1, 2, 3, 4 mit relativen maximalen Abweichungen A_{max} von $\pm$ 0%, $\pm$ 25%, $\pm$ 50%, $\pm$ 75% und $\pm$ 100% festgelegt. Die Versuchsparzellen mußten in Teilflächen zerlegt und diese entsprechend der jeweiligen Abweichungsstufe mit unterschiedlichen Düngermengen von Hand bestreut werden. Die Größe der Teilflächen sollte dabei den bei Verteilungsmessungen üblichen Auffangflächen entsprechen. Die zunächst vorgesehene Teilflächengröße von 20 cm $\times$ 20 cm (Versuchsreihe B) wurde nicht in das Versuchsprogramm aufgenommen, da 50 cm $\times$ 50 cm große, unterschiedlich gedüngte Teilflächen in einem Vorversuch nur zu einer geringen Ertragsbeeinflussung durch die Streugenauigkeit führten.

Neben der Auffangflächengröße ist vor allem die Lage verschieden gedüngter Teilflächen, d. h. der unterschiedlichen Düngermengen im Streubild des Düngerstreuers zueinander von entscheidender Bedeutung für den Einfluß der Streugenauigkeit auf den Ertrag. Aus einer Vielzahl möglicher Zuordnungen der Extremwerte in einem Streubild wurden zwei charakteristische Verteilungsformen ausgewählt (Abb. 1), bei denen die extrem hohen und niedrigen Düngermengen unmittelbar nebeneinander (Verteilungsform I) oder in großem Abstand

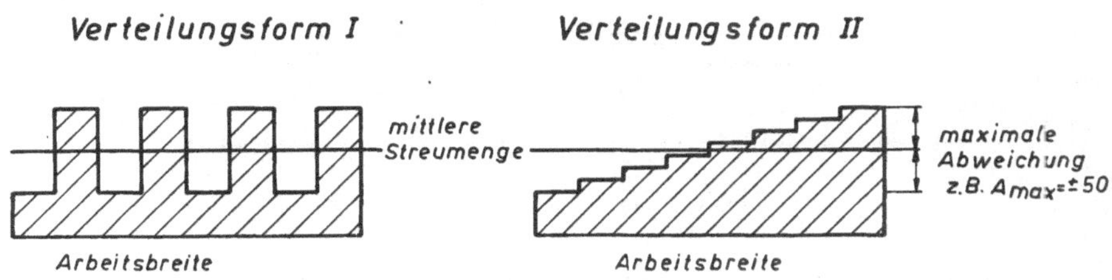

Abb. 1: Ausgewählte Extremwertverteilungen

voneinander (Verteilungsform II) liegen. Ein großer Abstand kann bei Schleuderstreuen auftreten, bei denen die Düngermenge an den Flanken des Streubildes in der Regel zu den Rändern hin abnimmt.
Diesen beiden Verteilungsformen entsprechend erfolgte die Auswahl der Parzellenform. Für Verteilungsform I wurden quadratische Parzellen mit 2 m Seitenlänge und schachbrettartig zugeordneten Flächen (Versuchsreihe A,

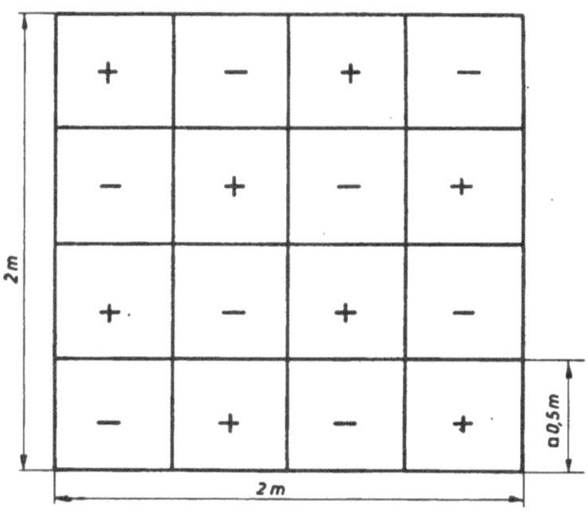

Abb. 2: In Teilflächen zerlegte Parzelle der Versuchsreihe A
\+ Überdüngung entsprechend der jeweiligen Abweichungsstufe;
− Unterdüngung entsprechend der jeweiligen Abweichungsstufe

Abb. 2) und für Verteilungsform II 4 m × 1 m große Parzellen, bei denen die jeweils maximale Düngermenge an einem und die minimale Düngermenge am anderen Ende der Parzelle lag (Versuchsreihe C, Abb. 3), gewählt. Die insgesamt je Parzelle ausgebrachte Düngermenge war der jeweiligen Streumenge entsprechend gleich. Dem Großversuch (Versuch D) lag ebenfalls die Vertei-

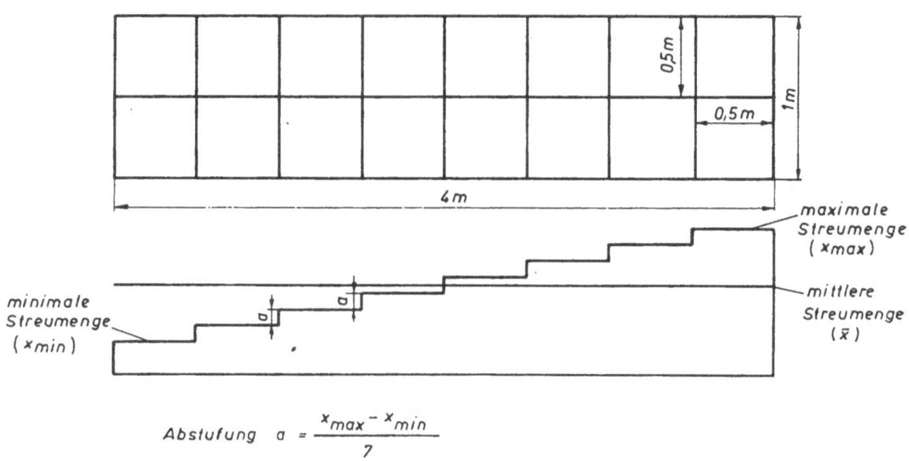

Abb. 3: In Teilflächen zerlegte Parzelle der Versuchsreihe C und Abstufung der Streumengen in der Parzelle

lungsform II zugrunde. Das Düngerstreuen erfolgte mit einem 2,5 m breiten Tellerstreuer (Abb. 4). Als vergleichbares Maß für die Höhe der Abweichungen bei den Versuchen A, C und D wurde die relative maximale Abweichung A_{max} angewendet. Aus Tab. 1 sind die Abweichungsstufen und die sich in Abhängigkeit von der Verteilungsform unterscheidenden Abweichungen s% und l% zu ersehen.

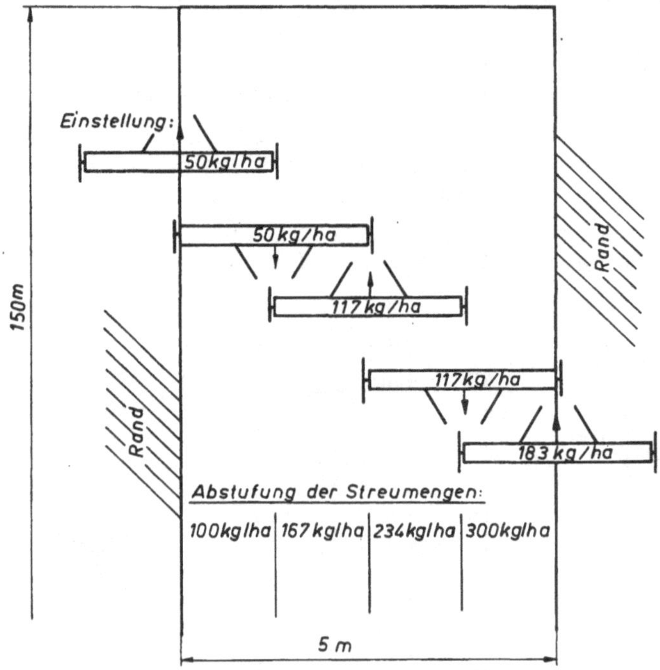

Abb. 4: Schema der Fahrweise beim Düngen des Versuches D
mittlere Düngermenge 200 kg/ha Kalkammonsalpeter; Abweichungsstufe 2, $A_{max} = \pm 50\%$

Tabelle 1
Abweichungsmaße in den Stufen 0···4 der Versuche A, C und D

Abweichungsstufe	A_{max}	s% Versuche			l% Versuche		
		A	C	D	A	C	D
	±%	±%	±%	±%	±%	±%	±%
0	0	0	0	0	0	0	0
1	25	25,8	17,5	21,6	25,0	14,3	16,8
2	50	51,6	34,9	43,0	50,0	28,6	33,3
3	75	77,5	52,5	64,6	75,0	42,8	50,0
4	100	103,3	70,0	86,1	100,0	57,2	66,8

2.2. Versuchsergebnisse

Die Bonitur der Gleichmäßigkeit des Pflanzenbestandes ergab deutlich zunehmende Bestandesunterschiede in den Abweichungsstufen 0···4. Bei Versuchsreihe A wurden geringere Ungleichmäßigkeiten festgestellt als bei Versuchsreihe C und Versuch D. Benachbarte, ungleichmäßig gedüngte Teilflächen (Verteilungsform I) verursachen danach nicht so große Bestandesunterschiede wie sie bei größeren Abständen nach Verteilungsform II auftreten.

Die Versuche C und D (Verteilungsform II) ließen von Abweichungsstufe 2 an aufwärts deutliche Ungleichmäßigkeiten im Bestand erkennen. Unterschiede zwischen den Streumengen 60 und 120 kg N/ha konnten nicht festgestellt werden.

Für die Grünmasse oder Kornerträge der Versuche wurden aus beiden Versuchsjahren und drei Versuchsorten die Regressionsfunktionen errechnet.

Bei Versuch A konnte für die Regressionskoeffizienten beider Streumengen keine Sicherung nachgewiesen werden (Abb. 5). Eine Abhängigkeit des Ertrages von

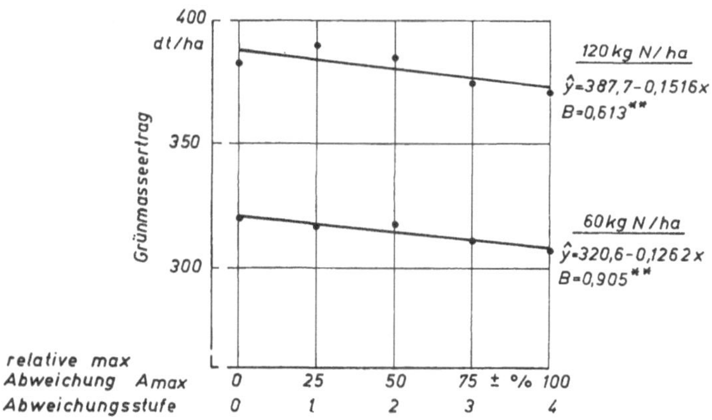

Abb. 5: Einfluß der Streugenauigkeit auf den Grünmasseertrag des Futterroggens (Versuchsreihe A)

der Streugenauigkeit liegt also nicht vor. Die Regressionsanalyse zeigte eine ausreichende Anpassung der Funktion an die Ertragswerte. Die Bestimmtheitsmaße $B = 0{,}905$ und $B = 0{,}613$ sind statistisch gut gesichert. Auch die varianzanalytische Verrechnung der Versuchsergebnisse zeigte für den Einfluß der Streugenauigkeit auf den Ertrag keine Signifikanz (Tab. 2).

Bei Versuchsreihe C konnte für den Regressionskoeffizienten für 120 kg N/ha eine gute statistische Sicherung nachgewiesen werden, während sich der Regressionskoeffizient für 60 kg N/ha als nicht signifikant erwies (Abb. 6). Dieses Ergebnis bestätigt die Ansicht, daß die gleichmäßige Verteilung des Düngers bei großen Streumengen wichtiger ist, als bei geringen Düngergaben. Die Be-

Tabelle 2
Durchschnittliche Ertragsdifferenz zwischen Abweichungsstufe 0 und 4 bei den Verteilungsformen I und II

Streumenge	Ertragsdifferenz zwischen Abweichungsstufe 0 und Abweichungsstufe 4 bei Verteilungsform					
	I (Versuch A)		II (Versuch C)		II (Versuch D)	
kg N/ha	dt/ha	%	dt/ha	%	dt/ha	%
50	—	—	—	—	5,98*	14,5
60	12,9	4,0	17,2*	5,7	—	—
120	11,5	3,0	32,6*	8,7	—	—

* signifikant

stimmtheitsmaße beider Gleichungen sind signifikant. Aus der Varianzanalyse ergab sich ein statistisch gesicherter Einfluß der Streugenauigkeit auf den Ertrag (Tab. 2). Mit Hilfe des multiplen t-Testes konnten bei 60 kg N/ha in Abweichungsstufe 4 und bei 120 kg N/ha in den Abweichungsstufen 3 und 4 signifikante Ertragsminderungen festgestellt werden.

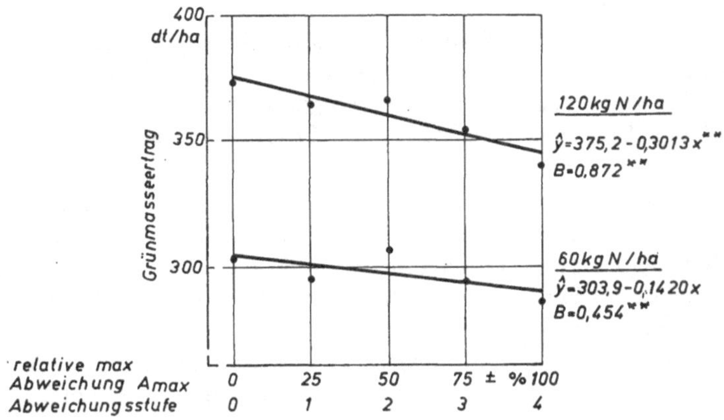

Abb. 6: Einfluß der Streugenauigkeit auf den Grünmasseertrag des Futterroggens (Versuchsreihe C)

Besonders deutlich ist der in Versuch D aufgetretene Rückgang des Kornertrages in den Abweichungsstufen 1···4. Der statistisch gut gesicherte Regressionskoeffizient läßt ebenso wie das Ergebnis der Varianzanalyse die Abhängigkeit des Ertrages von der Streugenauigkeit erkennen (Abb. 7, Tab. 2). Bereits in Abweichungsstufe 1 wurde ein signifikanter Minderertrag festgestellt.
Tab. 2 enthält vergleichsweise die durchschnittlichen Ertragsveränderungen zwischen Abweichungsstufe 0 und Abweichungsstufe 4 für Versuche A, C und D.

2.3. Schlußfolgerungen

Die Ergebnisse der Versuche A und C beweisen, daß die Verteilungsformen bei gleichgroßen Extremwerten einen größeren Einfluß auf den Ertrag ausüben als die Streugenauigkeit bei der gleichen Verteilungsform. Extremwerte im Streubild eines Düngerstreuers beeinträchtigen den Ertrag stärker, wenn sie in größerem Abstand voneinander liegen.

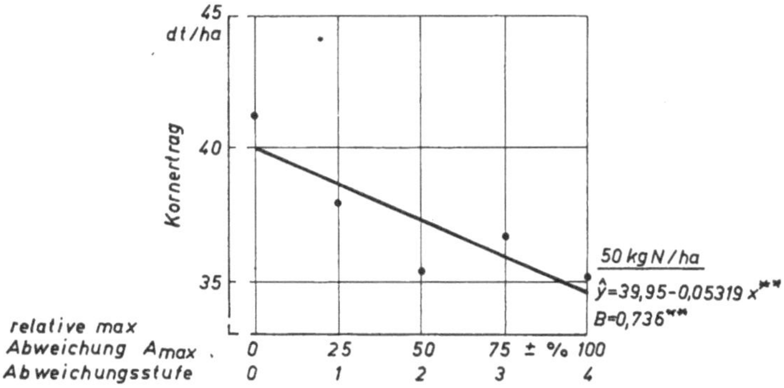

Abb. 7: Einfluß der Streugenauigkeit auf den Kornertrag des Winterroggens (Versuch D)

Zur Ableitung von Mindestanforderungen an die Streugenauigkeit sind deshalb die Ergebnisse der Versuche C und D geeignet. Die Ergebnisse der Versuchsreihe A sind für die Einschätzung von Streubildern mit benachbarten, extrem unterschiedlichen Streumengen und für die Beurteilung der maximalen Abweichungen wichtig.

Bei Versuchsreihe A ist nach Überschreiten der Abweichungsstufe 2 eine eindeutig fallende Tendenz der Erträge zu beobachten. Damit sich etwa auftretende ungünstige Extremwertverteilungen im Streubild mit Sicherheit nicht ungünstig auf den Ertrag auswirken, wird bei 50 cm Auffangflächenbreite ein Grenzwert für relative maximale Abweichungen $A_{max} = \pm 50\%$ vorgeschlagen. Auch HEYDE [1] empfiehlt, $\pm$ 50% als höchstzulässige relative maximale Abweichung anzusehen (diesem Wert liegen aber Auffangflächen von 20 cm × 20 cm zugrunde).

Ein größerer Ertragsrückgang als bei Versuch C wurde bei Versuch D festgestellt. Die Ursache dafür sind die verschieden lange Vegetationszeit, die dadurch bedingte unterschiedliche Nährstoffaufnahme und die durchschnittliche Streumenge. Bereits in der Abweichungsstufe 1 war ein geringfügig über der Sicherungsgrenze liegender Ertragsrückgang festzustellen. Der finanzielle Verlust stieg in der Abweichungsstufe 4 auf 239,— M/ha an. Aus dem Ergebnis dieses Versuches läßt sich eine Abweichungsgrenze von $s\% = \pm 20\ \%$ ableiten. Damit wird der bisher in den RGW-Ländern angenommene Grenzwert von $s\% = \pm 20\ \%$ bestätigt.

Für die notwendige Streugenauigkeit beim Ausbringen der Nährstoffe Kali und Phosphor können aus den Versuchsergebnissen nur indirekt Forderungen abgeleitet werden. Abweichungen von $s\ \% = \pm 30\%$ sollten dabei als Grenzwert angesehen werden (Tab. 3).

Tabelle 3
Wertzahlen und Grenzwerte zur Beurteilung der Streugenauigkeit

Düngemittel	Wertzahl	Grenzwert
Stickstoffdüngemittel	relative maximale Abweichung A_{max}	$\pm 50\%$
	Variationskoeffizient s %	$\pm 20\%$
Phosphorsäure-und Kalidüngemittel	relative maximale Abweichung A_{max}	$\pm 50\%$
	Variationskoeffizient s %	$\pm 30\%$

Die Frage der Größe der Auffangflächen kann auf Grund der Versuchsergebnisse zugunsten der Größe 50 cm × 50 cm entschieden werden.

3. Zusammenfassung

Die bisherigen Grenzwerte für noch als zulässig anzusehende Abweichungen in Streubildern von Düngerstreuern beruhen auf Annahmen, Beobachtungen und Ertragswertberechnungen. Zur Präzisierung der Agrotechnischen Forderungen wurden pflanzenbauliche Versuche durchgeführt und daraus Abweichungsgrenzen abgeleitet.

Резюме

Полученные до сих пор предельные значения допустимых еще уклонений в распределении удобрений при применении разбрасывателя удобрений основаны на предположениях, наблюдениях и исчислениях ценности урожая. Для уточнения агротехнических требований проводились растениеводческие опыты с установлением пределов уклонения.

Summary

The boundary values used so far for still permissible deviations in distribution patterns of fertilizer spreaders are based on assumptions, observations, and calculations of yield values. Plant growing experiments were carried out and boundaries of deflection derived therefrom in order to render the agrotechnological demands more precise.

Literatur

[1] Heyde, H.: Zur Bewertung der Streugenauigkeit von Düngerstreuern. Landtechnische Forschung, München 7 (1957) S. 53···55

[2] Hollmann, W.: Untersuchungen über die Düngerverteilung von Schleuderstreuern. Dissertation, Technische Universität Berlin, 1962

[3] Linser, H.; Mayr, H.; Primost, G.; Rittmeyer, G.: Vergleichende Untersuchung zur Düngemittelausbringung mit Flugzeugen und Bodengeräten. Zeitschrift für Acker- und Pflanzenbau, Berlin und Hamburg, 112 (1961), S. 432···448

[4] PRUMMEL, J.; DATEMA, F.: Strooiregelmaat van Kunstmeststrooiers en de betekenis daarvan voor de opbrengst. Landbouw mechanisatie, Deventer, 13 (1962) S. 742···752

[5] WEBER, E.: Grundriß der biologischen Statistik. 5. Auflage, Jena 1964, S. 76

[6] ZSCHUPPE, H.: Anforderungen an die Streugenauigkeit von Düngerstreuern, untersucht am Einfluß ungleichmäßig verteilten Stickstoffdüngers auf den Ertrag von Winterroggen. Dissertation, Deutsche Akademie der Landwirtschaftswissenschaften zu Berlin, 1967

[7] ZSCHUPPE, H.: Protokoll der Spezialistentagung der Mitgliedstaaten des RGW vom 27. 5. bis 5. 6. 1963 über die internationale Vergleichsprüfung von Schleuderdüngerstreuern, Plovdiv, 1963 (nicht veröffentlicht)